改訂版
図説

わかる材料

土木・環境・
社会基盤施設をつくる

宮川豊章 監修　岡本享久・熊野知司 編著

学芸出版社

身のまわりの土木構造物

高速道路や一般道路、河川沿いの遊歩道や公園など、私たちの身のまわりにはコンクリートや鋼材、アスファルトのほか様々な土木材料でつくられた構造物が見つかる（撮影：吉永恵里）

町なかのバス停や歩道橋、ガードレール（撮影：吉永恵里）

歩道や道路下には上下水道が埋設されている（撮影：吉永恵里）

首都高速道路中央環状新宿線の大井JCTにある山手トンネル（撮影：吉永恵里）

兵庫県・山陰線鎧～餘部間にある余部橋梁（提供：西日本旅客鉄道㈱）

身のまわりの構造物はどれも、日々進化する土木技術を駆使してつくられる。福島県いわき市小名浜のコンクリート橋。張出し架設工法により施工中の橋梁（撮影：㈱オリエンタルコンサルタンツ）

コンクリートを構成する材料

ロータリーキルン内で石灰石や粘土などの原料が焼成される（撮影：岡本享久）

セメント。水、混和剤、骨材とともにコンクリートを構成する材料（出典：『セメントの常識』セメント協会）

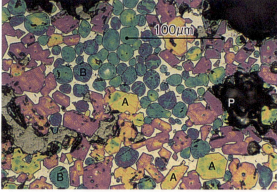

ロータリーキルンで焼成されてできるセメントの中間製品クリンカ（上）とその顕微鏡写真。黄色いAがエーライト、青いBがビーライト、Pは空隙（出典：『セメントの常識』セメント協会）

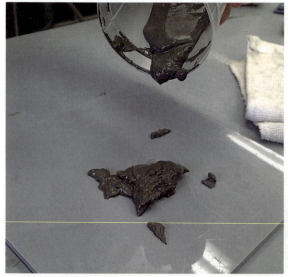

混和剤（減水剤）の使用によってセメントペーストの流動性が変わる。無添加の場合（左）と高性能減水剤を添加した場合（右）（水セメント比（W/C）=30％）（撮影：井上真澄）

採石場で切羽を発破後に発生した破砕前の原石。固い岩盤の山をダイナマイトで破砕し粗割りした原石を巨大なダンプカーで運び出す。この後、ジョークラッシャやコーンクラッシャなどにより、コンクリート用骨材に適した粒度に破砕、加工されていく（撮影：麓隆行）

製造直後のコンクリート用砕石。採石場で破砕した岩石を2〜3度破砕し、角を取るなどの工程を経て製造される。破砕時には粉がまとわりついているが、洗浄して出荷されていく（撮影：麓隆行）

さまざまな形・大きさの骨材粒子。粒径0.15〜5mmの細骨材（海砂、左）と5mm以上の粗骨材（砕石、右）

コンクリート構造物ができるまで

①鉄筋の組立て／床版の水平鉄筋を並べる（提供：村本建設㈱）

組まれた鉄筋（撮影：吉永恵里）

②鉄筋の組立て／クレーンで吊り込んだ鉄筋を組む（提供：村本建設㈱）

③型枠の組立て／合板製のコンクリートパネルを枠にしてセットする（提供：村本建設㈱）

④コンクリートの圧送／大型のポンプで生コン車から型枠まで一気に圧送する（提供：村本建設㈱）

⑤コンクリートの打込みおよび締固め／振動バイブレータを丁寧に使用して余分な空気を抜いていく（提供：村本建設㈱）

⑥コンクリートの打込み完了／コテ仕上げも終わり、表面がピカピカに輝いている（提供：村本建設㈱）

⑦湿潤養生／養生マットに水を含ませ、上面をシートで覆って蒸発を防ぐ（約1週間）（提供：村本建設㈱）

⑧橋脚の完成（提供：村本建設㈱）

鋼構造物ができるまで

①購入した鋼材の受け入れ検査（出典：「鋼橋の製作」一般社団法人日本橋梁建設協会）

②けがき（出典：「鋼橋の製作」一般社団法人日本橋梁建設協会）

③切断1（出典：「鋼橋の製作」一般社団法人日本橋梁建設協会）

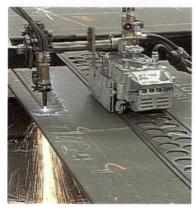
④切断2（出典：「鋼橋の製作」一般社団法人日本橋梁建設協会）

⑤孔開け（中央、右ともに）（出典：「鋼橋の製作」一般社団法人日本橋梁建設協会）

⑥組立て（左右とも）（出典：「鋼橋の製作」一般社団法人日本橋梁建設協会）

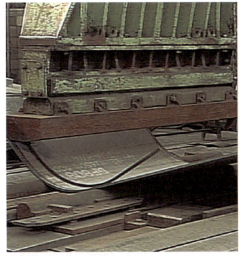
⑦曲げ（出典：「鋼橋の製作」一般社団法人日本橋梁建設協会）

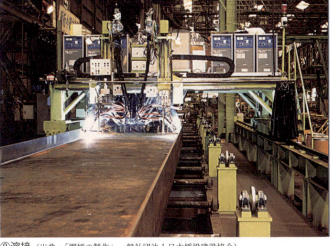
⑧溶接（出典：「鋼橋の製作」一般社団法人日本橋梁建設協会）

⑨実組立て（3点とも）（出典：「鋼橋の製作」「補修・補強（鋼橋）」一般社団法人日本橋梁建設協会）

施工中の東京港臨海大橋（撮影：吉永恵里）

鋼橋（撮影：吉永恵里）

コンクリート構造物の劣化と補修＆補強

アルカリシリカ反応（ASR）（提供：西日本高速道路㈱）

部分断面修復工法（提供：西日本旅客鉄道㈱）

かぶりコンクリートの浮き（提供：西日本旅客鉄道㈱）

全面断面修復工法（提供：西日本旅客鉄道㈱）

海洋に暴露された供試体中から腐食して露出した鉄筋の例（提供：海洋コンクリートワーキンググループ）

PC桁の外ケーブルによる補強（提供：西日本高速道路㈱）

鋼構造物の劣化と補修＆補強

橋の劣化（出典：「補修・補強（鋼橋）」一般社団法人日本橋梁建設協会）

ボルトの劣化（出典：「補修・補強（鋼橋）」一般社団法人日本橋梁建設協会）

漏水による損傷（出典：「補修・補強（鋼橋）」一般社団法人日本橋梁建設協会）

地震による損傷（出典：「補修・補強（鋼橋）」一般社団法人日本橋梁建設協会）

腐食（出典：「補修・補強（鋼橋）」一般社団法人日本橋梁建設協会）

塗装の劣化（出典：「補修・補強（鋼橋）」一般社団法人日本橋梁建設協会）

破断した部分をジャッキアップする（出典：「補修・補強（鋼橋）」一般社団法人日本橋梁建設協会）

鋼板接着工法による補強（出典：「補修・補強（鋼橋）」一般社団法人日本橋梁建設協会）

カーボン繊維シート接着工法による補強（出典：「補修・補強（鋼橋）」一般社団法人日本橋梁建設協会）

補修・補強の現場で活躍する高分子材料

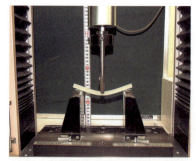
エポキシ樹脂系ひび割れ注入材の曲げ試験。曲げ強さは80N/mm²と一般的なコンクリートの20倍以上の強さがあり、降伏しても折れない（提供：ショーボンド化学㈱）

ポリウレア樹脂系表面被覆材の押し抜き試験。ゴムのように強く、伸び性能に優れるため、コンクリート表面に塗布することで、コンクリート片のはく落が防止できる（出典：ショーボンド建設㈱工法カタログ）

シラン系浸透性防水材が塗布されたコンクリートの断面を水で濡らした状態。シリコーンポリマーの保護層が形成され、水で濡らしても、吸水されず乾燥している（出典：ショーボンド建設㈱工法カタログ）

新旧コンクリート接着剤とゴムラテックス系断面修復材による床版コンクリートの緊急補修。ポットホールができたところの床版コンクリートは、雨水が浸透してボロボロに崩れ、砂利化している。低粘度の浸透性接着剤を床版コンクリートにしみ込ませ、さらに新旧コンクリート接着剤を塗布して、速硬性のゴムラテックス系断面修復材を打設して補修する（提供：ショーボンド建設㈱）

アクリロイル変性アクリル樹脂の吹付による下水道処理槽の防食ライニング（左）と高耐候性フッ素フィルムシートの貼り付けによる跨道橋裏面からのコンクリート片のはく落対策（右）（出典：ショーボンド建設㈱工法カタログ）

アスファルトの構成とはたらき

手に持ったオイルサンド。砂粒子の周りに水、粘土、アスファルトが付着し黒っぽい色を呈する（出典：Suncor Energy Inc. http://www.suncor.com/en/newsroom/2482.aspx?id=2049）

SBSポリマー改質材。プレミックス用のペレット状のもの。他にプラントミックスでも用いられるパウダー状のもの等もある（提供：ニチレキ㈱）

ホイールトラッキング試験の試験状況。タイヤの走行部にわだち掘れが生じている（提供：鹿島道路㈱）

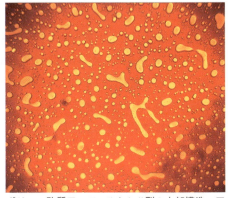

ポリマー改質アスファルトⅠ、Ⅱ型の内部構造。アスファルトの中にポリマーが分散した状態。色の暗い部分がアスファルトで、明るい部分がポリマー。ポリマー添加量を増やしていくとポリマーの中にアスファルトが分散した状態になる（提供：ニチレキ㈱）

アスファルト舗装の施工。ダンプトラックから下ろされたアスファルト混合物をアスファルトフィニッシャにて敷き均し、ローラーで締固めしている（提供：阪神高速道路技術センター）

ストレートアスファルト（左）は常温では半固体。ほぼ黒色である。アスファルト乳剤（右）は常温で液状、ほぼ褐色である（提供：ニチレキ㈱）

はじめに

　「土木材料」は種類が多く、しかも多様であり、用いる際は、その性質・特色を十分に把握しておかなければなりません。構造物の計画、設計、施工、さらには急増しつつある維持管理・補修の各分野で合理的に使用されなければなりません。また、次々と登場する新しい材料について学び、理解し、かつ積極的に利用することも必要です。本書『図説 わかる材料』は2009年の発刊以来、多くの大学・高等専門学校で採用していただき、おかげをもちまして、定本としてロングセラーとなっております。しかし、その間にいただいたご意見およびコメント、さらには基準類の変更を反映させるため、今回、改訂版を発刊するに至りました。

　改訂に当たり、次の点に留意しました。
(1) 最新の情報・基準・トピックを採用しました。
(2) 執筆者、編集協力者を増員しました。
(3) カラー口絵を設けました。
(4) 各章に演習問題を設けました。

　構成は改訂前と変えず、「1章 材料からひろがる可能性」「2章 セメント」「3章 混和材料」「4章 骨材」「5章 コンクリート」「6章 鋼材」「7章 高分子材料」「8章 アスファルト」のままにし、「5章 コンクリート」をメインに据え、ページ数も最も多く割きました。これは、『"丈夫で美しく長持ち"するコンクリートで、"丈夫で美しく長持ち"する市民社会を！』という私達の気持ちの表れです。

　文章の記述と編集については、次の点を工夫しています。
(1) 読者が親しみやすい文体（口語調、コラム調）にしています。
(2) 各章では必ず「目的、定義」を述べ、読者がその章で何を学ぶのかを明確にしています。
(3) 内容に合った写真、イラストを採用し、わかりやすく整理された表を多く取り入れました。
(4) 随所に「エピゾード」や内容に関係する「解説」を設けています。
(5) 講義回数に合わせて、「15回」で本書の内容が理解できるような章構成にしています。

　今回の改訂版においても、現在、最前線でご活躍されている先生方に執筆をお願いいたしました。また、各分野で専門性を発揮されている先生方には、編集協力者として各章の執筆内容に忌憚のないご意見をいただき、本編に反映させていただきました。

　さらには、野村彰氏には、わかりやすく、親しみやすいイラストを添えていただきました。最後に、学芸出版社の井口夏実氏の献身的なサポート抜きでは本書の発刊はかないませんでした。専門外でいらっしゃるがゆえの多くのご指摘を同氏より賜り、本書がより「わかる」に近づけたように思います。この場をお借りして厚くお礼申し上げます。

2015年11月11日

監修　宮川豊章（京都大学）

編者　岡本享久（立命館大学）、熊野知司（摂南大学）

もくじ

カラー口絵 2
   身のまわりの土木構造物 2
   コンクリートを構成する材料 4
   コンクリート構造物ができるまで 6
   鋼構造物ができるまで 8
   コンクリート構造物の劣化と補修＆補強 10
   鋼構造物の劣化と補修＆補強 11
   補修・補強の現場で活躍する高分子材料 12
   アスファルトの構成とはたらき 13

はじめに 14

1章　材料からひろがる可能性　19

- **1 構造物と材料の結びつき** 19
- **2 材料の役割** 21
- **3 材料の品質** 24
- **4 期待される材料の役割** 25
- **5 コンクリート入門** 26

2章 セメント 31

1. セメントの役割 31
2. セメントの種類と性質 32
3. 世界のセメント事情 40
4. 環境負荷低減への取組み 42

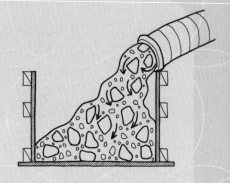

3章 混和材料 45

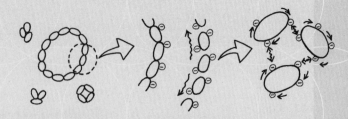

1. 混和材料の役割と種類 45
2. コンクリートと混和剤 46
3. コンクリートと混和材 51
4. その他の混和材 55

4章 骨材 57

1. 骨材の役割 57
2. 骨材の性質 59
3. 骨材の種類 64
4. これから利用が期待される骨材 67

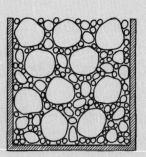

5章　コンクリート　72

1. フレッシュコンクリート　72
2. 硬化コンクリート　76
3. コンクリートの耐久性　81
4. コンクリートの配合設計　87
5. 施工に留意が必要なコンクリート　97

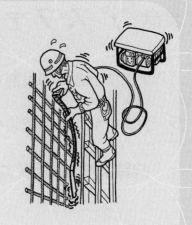

6章　鋼材　102

1. 鋼材の役割と特徴　102
2. 鋼材の種類と製造・加工方法　106
3. 鋼材の疲労・腐食と防食　109
4. その他の金属　112

7章　高分子材料　115

1. 有機系化合物の役割と特徴　115
2. 有機系化合物の種類　116
3. コンクリート構造物の補修・補強分野における合成樹脂材料の用途　120

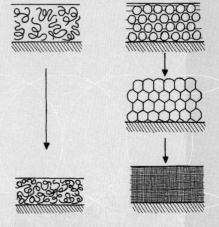

8章 アスファルト 126

1. アスファルトの役割と種類　126
2. アスファルトの舗装への利用　131
3. 舗装以外でも活躍するアスファルト　140

演習問題の答え　145

索　引　150

1章
材料からひろがる可能性

1 構造物と材料の結びつき

「構造物」という言葉から、みなさんは何を想像するでしょう。「建物」というと人びとが暮らす家・住宅を想像しがちですが、「構造物」になるともっと大きなものを頭に思い描きませんか？ 超高層ビル、道路、鉄道、橋梁、ダム、トンネル、空港など。つまり、土木工学で取り扱う「構造物」とは、主に社会基盤を成す構造物を指します。不特定多数の人びと、つまり私たち皆が利用する公共構造物のほとんどです。そのため、「構造物」は次のような役割を担っています。

①豊かで安全な暮らしの提供
②経済活動の活性化
③社会の持続可能な発展への寄与

本書では、このような使命を帯びた構造物を実際に形づくる材料について学びます。例えば日本全国の高速道路に使われているコンクリートの量を想像してみてください。すぐには想像もつかないほど大量のコンクリートが投入されているわけですが、この例だけでも材料の重要性がわかるでしょう。

図1・1 新しい材料の開発によって建設が可能になった世界最長の吊橋、明石海峡大橋

1 構造物を支える材料

材料と構造物との結び付きはとても強く、互いにその発展や進歩を支え合う関係であるといえます。例えば、神戸市垂水区と淡路島を結ぶ、世界一の中央支間長（塔と塔の距離）1991mを誇る明石海峡大橋（図1・1）建設の実現にも、材料の開発は欠かせませんでした。巨大構造物の基礎となる海水中でも分離しないコンクリートや、美しい吊橋のシンボルとなる高強度を保有するワイヤーなどがそうです。

土木構造物で主として用いられる材料は、コンクリートと鋼材です。その使用例の一部を図1・2に紹介します。これらの原料となる石灰石、石、砂、鉄鉱石、石炭などは、巨大な構造物を建設するのにじゅうぶん豊富に地球に存在するため、現在も構造材料の主力となっています。土木構造物には上述のような役目があるため、それを形成する材料には以下のような役割が期待されています。

①自然災害から人びとを守るじゅうぶんな強さがあること
②長持ちすること
③品質が保証されていること
④経済的であること

このような役割を担う材料にはさまざまな種類があります。

2 いろいろな材料

先に述べたように、土木構造物を構成する主要材料の2つはコンクリートと鋼材です。しかし、一言にコンクリートといっても、"コンクリート"という自然素材が存在するのではなく、実際は骨材（石や砂のことを骨材といいます）、セメント、水などが混ざり合った複合材料です。また、最近では鋼材の代替となる繊維などの材料も使用されるようになって

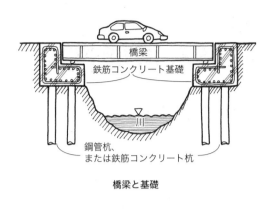

橋梁と基礎

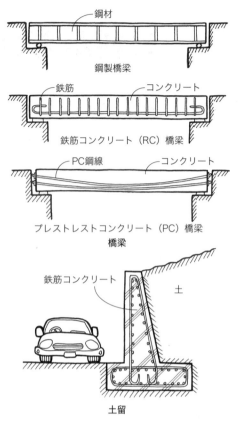

橋梁

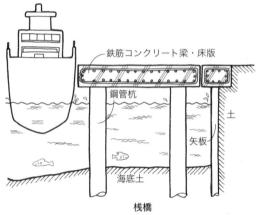

桟橋

図1・2 身のまわりの鋼材やコンクリート製の構造物

きました。土木工学で取り扱う材料は、技術の進歩、新しい材料の開発、環境保全が重要視されるようになった時代の流れなどによって刻々と変化していることを覚えておいてください。

そのうえで、本書では材料を、セメント、骨材、混和材料、コンクリート、鋼材、高分子材料およびアスファルトに分類し、学んでいきます。

まずこの1章後半では、コンクリートの基礎知識を勉強し、その性質の一部に触れます。続いて2、3および4章ではコンクリートの各構成材料であるセメント、混和材料、及び骨材について詳しく説明します。5章でそれらの材料を配合してできあがったコンクリートの性質と、良いコンクリートをつくるための**配合設計**について、詳細に学びます。

次に6章では、コンクリート同様、構造物の主材料になる鋼材を取り上げます。鋼材は、それだけで構造物を形成することもありますが、コンクリート構造物にとっても、重要な役目を果たしています。その役目とは、コンクリートの、「引っ張られることに対して弱い」性質を補うことです。これは鋼材が、「引張に対してとても強い」性質を利用したもので、鉄筋コンクリート（RC：Reinforced Concrete（補強されたコンクリートという意味））構造と呼ばれています。

7章では高分子材料を取り上げます。鋼材のように構造物の主材料となったり、細かな繊維としてコンクリートに混ぜ込み、コンクリートの性質を変化させたり、コンクリート表面を保護するために塗られたり。ここでは、変幻自在の高分子材料を学びます。

最後8章では、構造物のなかでは補助的な役目ですが、わたしたちの生活に一番身近なアスファルトを取り上げます。

2 材料の役割

1 材料の選び方

橋脚をコンクリート、橋桁を鋼材、舗装をアスファルトとした高速道路を建設する場合を考えてみましょう（図1・3）。高速道路を利用する私たちが材料に求める性能や働きは、次のようなものです。

①コンクリート → 橋桁を支える強さ
②鋼材 → 走行車両に耐える強さ
③アスファルト → 走りやすさ

この他、日本の高速道路であれば、地震に対する抵抗性や、海沿いであれば鋼材が錆びないことが望まれます。

このように、各材料が構造物のどの部位に使用されるか、構造物がどのような場所に建設されるか、そして構造物の種類や目的によって、材料に求められる性質や働きは異なります。例えば、コンクリート構造物には耐久性、安全性、使用性などが求められ、環境や景観に与える影響にも配慮が必要です。

それでは、そのような構造物の役割を満たす材料の性質とは何でしょう。次に、材料に求められる性質について学びます。

2 材料に求められる具体的な性質

材料に求められる性質を、①力学的性質（外からの力にどれだけ抵抗できるか）、②物理的性質（その材料特有の性質）、③耐久性（初期の性質をいつまで保持できるのか）の3つに分けて考えることにします。例えば、割り箸を引っ張っても切れませんが、曲げると簡単に2つに折れます。これは、材料が引っ張られることと、曲げられることでは力学的性質が違うことを意味しています。また、同じ体積でも、水は重さを感じますが空気は重さを感じません。これは、水と空気の密度という物理的性質が異なっているためです。そして、一般家庭にもずいぶんと普及したLED照明。蛍光灯に比べて、寿命が長く、高い耐久性が備えられています。

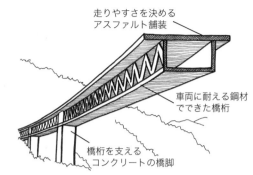

図1・3 高速道路の一例

①力学的性質とは

力学的性質とは、構造物に作用する外力とそれにより引き起こされる変形や破壊とを関連付ける性質のことです。

✤作用する力と変形の関係（応力－ひずみ関係）

同じ材料で断面積の異なるもの、ここではゴムを引っ張る場合を考えてみましょう。輪ゴムのように小さな断面のゴムなら、伸ばすことは簡単です。でも、車のタイヤのように分厚く、より大きな断面積をもつゴムを伸ばすのは至難の技です。この場合、作用する力と変形（伸び）の関係が異なるのは明らかで、同じ材料の性質を表す方法として作用する力をその断面積で割った値（**応力**）を用いるとわかりやすくなります。そこで、材料ごとの力学的性質を表す指標として応力－ひずみ関係が用いられます。ここで、**ひずみ**とは外から力を受けて形や体積が変化することで、伸び縮みした長さを元の長さで除し、変形を無次元化して表すため、単位はありません。また、応力の単位には N/mm^2 などが使われます。この応力－ひずみ関係は材料の基本になる重要な性質で、「構成則」とも呼ばれます。同じ材料であればどの部分を切り抜いても同じ関係が成り立ちます。

ここで、外力で変形した物体が、力を取り去ると、もとに戻ろうとする性質を**弾性**（応力とひずみは比例関係にあります）といいます。それに対して、外力を取り除いてももとに戻らない性質を**塑性**（応力とひずみは比例関係にはありません）といいます。

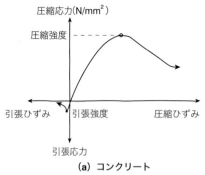
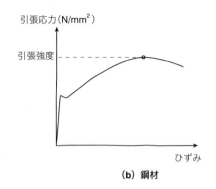

(a) コンクリート　　(b) 鋼材

図 1・4　応力－ひずみ関係

この応力－ひずみ関係は、材料によってさまざまな様相を呈します。図 1・4 に、コンクリートと鋼材の応力－ひずみ関係を例として示します。

✤ 耐え得る強さ（強度）

構造物を建設する場合、まず、どのくらいの強さがある材料でつくれば安全かを考えるのではないでしょうか。強度とは材料が耐え得る単位面積当たりの最大の強さのことで、単位には N/mm² などが使われます。応力－ひずみ関係と同様に、強度も材料の重要な性質の 1 つで、図 1・4 の最大応力を指します。

強度には、材料に加えられる外力の種類によって、圧縮強度、引張強度、曲げ強度、せん断強度などがあります。材料のさまざまな強度を知っていれば、構造物の部位ごとに、作用する外力に抵抗できるような材料を選ぶことができます。例えば、コンクリートは、引張強度が圧縮強度の 10 分の 1 程度しかありません。そのため、その弱点を補うために考え出されたのが、引張強度がひじょうに大きい鉄筋をコンクリート内部に配置した鉄筋コンクリート（RC：Reinforced Concrete）構造です。さらに、コンクリートの圧縮強度の大きさを有効に使い、コンクリートにあらかじめ圧縮力を作用させ、引張力に対してさらに抵抗力を高めた構造がプレストレストコンクリート（PC：Prestressed Concrete）構造です。実際、一般的なコンクリートの圧縮強度は 20N/mm² 程度、鋼材の引張強度は 400N/mm² 以上もあります。

✤ 作用する力と変形の比（弾性係数）

図 1・4 の応力－ひずみ関係の傾きを弾性係数あるいはヤング係数といいます。単位には N/mm² などが用いられます。

弾性係数は、最も身近に感じられる材料の性質の 1 つです。例えば、同じ断面積をもつゴムと針金を引っ張ってみると、ゴムは小さな力でも良く伸びますが、針金を伸ばすのはとても大変です。この変形のしやすさを表す指標の 1 つが弾性係数で、軟らかければ弾性係数は小さく、硬ければ弾性係数が大きい材料ととらえることもできます。

『コンクリート標準示方書・設計編 2012』で規定されているコンクリートの弾性係数は、圧縮強度が一般的な 24N/mm² の場合で 25kN/mm²、鋼材の弾性係数は 200kN/mm² です。

✤ 作用する力の方向の変形と直角方向の変形との比（ポアソン比）

風船を両側から押さえつけると縦方向に膨らみ、引っ張ると横方向に縮みます（図 1・5）。ここで、外力を作用させる方向のひずみに対する直角方向のひずみの比をポアソン比といいます。コンクリートは 0.2、鋼材は 0.3 が一般の設計で用いられています。

✤ 時間とともに変形や作用する力が変化していく現象（クリープとリラクセーション）

部屋の模様替えをしようとソファーを動かすと、カーペットに凹みができて元に戻らない。窮屈だった新しいジーンズが何度もはいている間にはき心地が良くなり、楽になった。こんな経験はありません

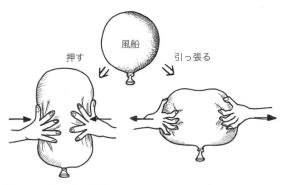

図1・5　ポアソン効果

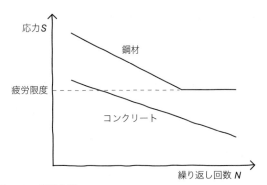

図1・6　疲労曲線

か？　一定の力を持続的に受ける材料において、時間の経過とともに塑性変形（元に戻らない変形）が増加する現象をクリープといい、最終的に破壊してしまうことをクリープ破壊といいます。また、ある力を加えて変形を一定に保っていても、作用させている力が時間とともに減少することをリラクセーションといいます。クリープとリラクセーションは、材料に持続して力が作用した場合の逆の性質と考えられます。

✣繰り返し作用する力によって材料の強度が低下する現象（疲労）

人間も疲れがたまるとじゅうぶんな力が発揮できないように、コンクリートや鋼材にも疲労が蓄積されます。疲労とは、簡単には、繰り返し作用する外力によって材料内部に損傷が累積していくと仮定して、作用力の回数が材料の寿命になると破壊すると考えます（マイナー則）。この時の材料の寿命を疲労寿命といい、材料の疲労に対する性質は、外力の作用により材料に生じる応力（S）と作用力の繰り返し回数（N）の関係であるS-N曲線で表されます。図1・6に、コンクリートと鋼材のS-N曲線を示します。このように、鋼材には繰り返し回数を増やしても破壊しない性質があり、この時の鋼材に生じる応力を疲労限度といいます。

✣瞬間的に大きな力が作用する場合の現象（衝撃）

材料に与える衝撃とは、ひじょうに短い時間に外力が作用した時の性質を意味します。例えば、飛行機が滑走路に着陸する場合を考えてみましょう。飛行機の重さは同じでも、着陸直後、走行中、停止時に飛行機が滑走路の材料に与える影響は異なります。ここで、着陸直後の影響が衝撃です。衝撃で材料が破壊する時の強度を衝撃強度といいます。

②物理的性質とは

上述の力学的性質は、材料の物理的性質の1つですが、ここでは材料自体の性質について説明します。

✣重さに関する性質（単位あたりの質量と重量）

重さには、重力に関係なく地球でも月でも同じ大きさになる普遍的な重さ（質量：単位は g や kg など）と、重力の大きさによって変わる重さ（重量：単位は N や kN）があります。重さに関する性質は、これらの重量や質量を使って表現します。例えば比重とは、材料の質量を同じ体積の水の質量で除した値で、単位はありません。また、密度とは、材料の質量を体積で割ったもので、単位には g/cm^3 や kg/m^3 などを使います。一方、構造物の設計では、構造自体の重さ（死荷重（dead load））を力として考えるので、単位体積あたりの重量（単位重量）を規定しています。一般に各材料の単位重量は、コンクリートでは 22.5～23.0 kN/m^3、鋼材では 77 kN/m^3、鉄筋コンクリートでは 24.0～24.5 kN/m^3 程度です。

✣熱に対する性質（熱膨張係数）

ほとんどの構造材料は、熱を加えることによって膨張する性質をもっています。ここで、材料が温度の上昇および下降によって膨張・収縮する割合を熱

膨張係数といいます。コンクリートと鋼材も熱を加えると膨張し、ほぼ同じ熱膨張係数 $10 \times 10^{-6}/℃$ をもっています。この性質は、鉄筋コンクリート構造が成立するための大切な条件の1つです。例えば鉄道のレール（100m）は20℃の温度上昇で20mmほど伸びます。

③耐久性とは

土木構造物は公共的な性格が強いため、経済的であるのはもちろん、使用されている間、人びとの安全を脅かすことがないよう、耐久性も求められます。

ほとんどの材料は、時間の経過とともに、もともとの性質が変化していきます。これは、材料が置かれている環境に影響されるもので劣化といわれます。日当たりの良い窓際の近くにある本のカバーが変色するのは、紫外線による劣化が主な原因です。

コンクリート構造物に要求される性能には、安全性、使用性にかかわるものなどがあり、それらを満足するような耐久性のある材料を使用しなければなりません。そこで、鋼材とコンクリートの耐久性に関しては、以下に挙げる現象に配慮しています。

①鋼材　→　**塩害、中性化**による腐食
②コンクリート　→　**凍害、化学的侵食**、アルカリシリカ反応、疲労、すりへりによる劣化

これらの現象には、構造物が使用される間に進行する避けられないものと、材料を選定する段階で配慮するとある程度劣化を防げるものがあります。

3 材料の品質

1 品質のばらつきについて

「材料の役割」で、材料自体に求められている性質について述べました。しかし、同じ品種の果物でも、産地や気候、出荷時期などによって味が違うように、同じ材料でも原材料や製造過程などにより、性質が異なります。よって、このような材料の品質のばらつきを考慮したうえで、材料の性質を理解しなければなりません。もちろん、材料の品質のばらつきを小さくするための努力も欠かすことはできません。

ばらつきのある材料の性質を決定するためには、統計的手法を用いると便利です。最も簡単な方法は、複数の同じ材料の試験値の平均をその材料の性質とみなすことです。しかし、この方法では、品質のばらつきが大きい材料で構造物を建設する場合、危険であることは容易に想像できます。したがって、材料の性質はある程度分布して、ばらつくものと考えて、平均値からどの程度離れているかで、品質のばらつきを数値で評価しています。

①ばらつきの原因

コンクリート構造物の設計で配慮している材料のばらつきには、以下のものがあります。
①材料実験データから判断できる部分
②材料実験データから判断できない部分
　→　材料実験データの不足・偏り
　→　品質管理の程度
　→　供試体と構造物中の材料強度の差異
　→　経時変化など

---

episode ♣ コンクリートの本当の姿

コンクリートに求められる力学的・物理的性質、耐久性を左右している要因は何でしょうか？　これは、コンクリートの成り立ちに関係があります。コンクリートは石、砂、セメント、水などからつくられます。混ぜたときには流動体ですが、時間が経つとセメントと水が反応して固まります。

例えば、コンクリートの強さは何で決まるのかを考えてみましょう。混ぜてからの時間でしょうか？　石の強さ？　石や砂の大きさや形？　セメントの量？　それとも、セメントと水の反応に関係があるのでしょうか？　実は、コンクリートの強さを決める要因は1つではないのです。要因は何か、各要因がどのように影響し合っているのか、答えを見つけるためには、レベルごとのコンクリートの性質を結び付けることが大切です。例えば、強さはマクロレベル、石や砂の大きさや形はメゾレベル、セメントと水の反応プロセスや生成物はミクロレベル、といった風に。顕微鏡の倍率を上げるように、レベルによってコンクリートの見え方（性質）が違うのです。コンクリートって何者？

②ばらつきへの配慮（安全係数）

現在の設計で用いられている安全係数には、材料係数、作用係数、構造解析係数、部材係数、構造物係数があります。例えば、材料の強度については、試験から求められた強度を材料係数で除した値を設計強度として用いることとしています。コンクリートの材料係数は1.3、鋼材の材料係数は1.0または1.05と、統計的な見地と経験から定められています。この値から、鋼材よりコンクリートのほうが品質のばらつきが大きいことがわかります。

2 品質を保つための規格

わが国には、産業標準化法に基づき制定される国家規格のJIS（Japanese Industrial Standards：日本産業規格）があり、2019年3月末現在で1万773件の規格が制定されています。また、国際的には、各国の代表的標準化機関から構成されるISO（International Organization for Standardization：国際標準化機構）が制定する規格があり、2018年12月末現在で162カ国の会員、2万2467件の規格があります。

JISによる産業標準化の促進には、次に挙げる機能があります（日本産業標準調査会ホームページより）。

①経済活動に資する機能
  1) 製品の適切な品質の設定
  2) 製品情報の提供
  3) 技術の普及
  4) 生産効率の向上
  5) 競争環境の整備
  6) 互換性・インターフェースの整合性の確保
②社会的目標の達成手段としての機能
③相互理解を促進する行動ルールとしての機能
④貿易促進としての機能

また、ISOが掲げる目的には以下のものがあります（ISOホームページより）。

①製品やサービスの発展、製造、提供の促進
②国家間の貿易の促進と公平性確保
③健全性、安全性、環境に関わる法整備と適正な評価のための技術的資料の提供
④技術の進歩や優れたマネジメント手法の共有
⑤技術革新の普及
⑥製品やサービスに対する、消費者や一般ユーザーの保護
⑦共通の課題についての解決策の提示と、生活の簡素化への寄与

最近では経済のグローバル化が促進され、企業の競争力強化戦略として使われるようになってきていることから、規格の重要性が増してきています。そこで、JISでは、国際規格との整合性を図り、規格作成の迅速化・効率化に取り組んでいます。

4 期待される材料の役割

土木工学における材料の可能性は日々ひろがっています。材料に要求される機能も増してきています。そして、このように材料を取り巻く環境が変化している背景には、まず、構造物の設計法が大きく変化したことが挙げられます。

『コンクリート標準示方書2002』では、それまでの使用材料の強度を規定する仕様規定型から、完成した構造物が求められる性能を持っているかどうかを照査する性能照査型へと移行しました。これは、どのような材料を使っても、できあがった構造物の性能（耐久性、安全性、使用性など）が求められている性能と同じかそれ以上であればよいということですので、材料選定の自由度が大きくひろがりました。

最後に、近年私たちを取り巻く地球環境が大きく変化していることが挙げられます。材料が環境問題に貢献するということは、限りある資源を有効に活用する努力をするということです。その努力を促すのが、3R（スリーアール）の考え方です。

✢ Reduce（廃棄物の発生抑制）

省資源化や長寿命化といった取り組みを通じて製品の製造、流通、使用などに係わる資源利用効率を高め、廃棄物とならざるを得ない形での資源の利用

を極力少なくする。

✣ Reuse（再使用）

一旦使用された製品を回収し、必要に応じて適切な処置を施しつつ製品として再使用を図る。または、再使用可能な部品の利用を図る。

✣ Recycle（再資源化）

一旦使用された製品や製品の製造に伴い発生した副産物を回収し、原材料としての利用（マテリアルリサイクル）または焼却熱のエネルギーとしての利用（サーマルリサイクル）を図る。

さまざまな要求に応え、役割を果たせるように、材料はますます発展していかなければなりません。

5 コンクリート入門

1 身のまわりのコンクリート

コンクリートと聞くと、多くの人は「ああ、橋脚やダムで使われている巨大な灰色の固まりのことだな」という具合に頭に浮かぶと思います。そのとおりです。ただ、橋脚やダムだけではなく、ちょっと注意してみれば、みなさんのもっと身近なところにコンクリートでできた構造物が数多くあることに気づくと思います。それでは、一緒に自宅からコンクリート探しの散歩に出てみましょう（図1・7）。

自宅がマンションの場合、マンションの壁や柱、床にはコンクリートがよく使われています。ただ、

マンションの階段

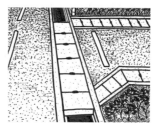
道路の側溝

歩道の縁石ブロック

堤防の護岸ブロック

河川堤防の階段

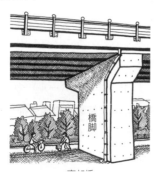

駅のプラットホーム

図1・7　身のまわりのコンクリート構造物

内装材などが貼ってあるためコンクリートが剥き出しになっていないことが多く、一見してコンクリートとは気づきません。自宅の玄関から出て廊下を進みましょう。階段を降りる時に階段をよく見ると灰色の石のようなものでコンクリート製であることがわかります。エントランスからマンション前の道路に出ました。小さな道路で両端に側溝があります。この側溝もコンクリートでつくられた水路を並べています。道路を進むと河川敷の公園がありました。公園に降りる階段はやはりコンクリート製のようです。また、周りの土手には土手が崩れるのを防止するように灰色の枠のようなものが貼り付けてあります。これもコンクリートでできているようです。大きな道路に出ました。歩道がありますが、歩道の縁は細長いコンクリートブロックを埋め込んでいるようです。交差点では大きな道路と立体交差になっているようです。コンクリートの橋脚が立ち並び、コンクリートの桁がかかっています。さらに歩いて普段利用する鉄道の駅に着きました。駅前のロータリーの縁石もコンクリートでできているようです。また、よく見ると駅のホームもコンクリートでできています。

このように、みなさんの身のまわりには、コンクリートでできたものが実にたくさんあるのです。

2 コンクリートの役割

コンクリートの役割とは大まかに分けると、

① 「支える」、すなわち構造物の基礎や橋脚、桁、さらにはマンションなど建物の躯体にかかる力に抵抗する役割
② 「平坦にする」、すなわち道路や空港の滑走路のコンクリート舗装や駐車場や土間の床などのように平滑にして使い勝手を良くする役割
③ 「水を貯める」、すなわちプールやダムなどに代表される貯水槽や、「水を流す」、すなわち側溝、水路、河川護岸、上下水道管、地下道などの巨大な管を包み込む函体(ボックスカルバート)のように水を外に漏らさない役割

の3つということになります。

3 コンクリートを構成する材料

コンクリートは単一の材料からできているのではありません。図1・8はコンクリートの切断面の写真ですが、大小の黒っぽいものを白いものが包み込んでいる様子がわかると思います。大小の黒っぽいものは石や砂です。また、白いものは接着剤の役目を果たすもので、基本的には**セメント**という粉状の物質と水が反応してできた硬化体です。すなわち、コンクリートとは石や砂をセメントという白い接着剤で包み込み、つなぎ合わせたものといい換えることができます。

セメントとコンクリートを混同される場合がありますが、セメントとコンクリートは違うものなのです。なお、接着剤に何を使うかによってさまざまなコンクリートができます。例えば、接着剤に石油からとれるアスファルトを使用したものはアスファルトコンクリートと呼ばれ、道路舗装に使われます。また、接着剤に樹脂(レジン)を使用したものはレジンコンクリートと呼ばれ、建築用パネルなどに使われます。したがって、セメントを接着剤とするコンクリートをセメントコンクリートと呼ぶのが正式なのかも知れませんが、一般的にコンクリートというとセメントを接着剤としたコンクリートのことを指します。

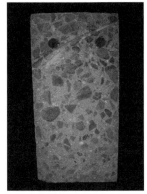

図1・8 コンクリートの塊

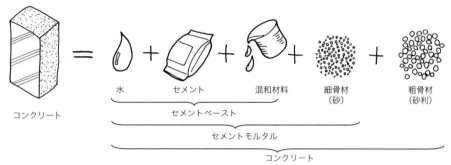

図1・9 コンクリートの構成材料

①セメント

セメントは、わが国に豊富に産出される**石灰石**が原料です。石灰石に粘土を適量加え、細かく粉砕したものを 1450℃ 前後の温度で焼成し、微量の石膏を加えて再度微粉砕してできあがります。

セメントは水と混ぜ合わせると、最初は軟らかいペーストの状態になりますが、時間とともにセメントの粒子と水が化学反応を起こし、時間の経過とともに流動性がなくなり硬くなっていきます。この反応を水和反応と呼んでいます。実は、この反応が常温、すなわち、人間が普通に生活している温度環境下で進むことがセメントの**水和反応**の特徴です。

構造物を形づくるには型に材料を流し込み、固まったら型を外すという方法があり、鋼やプラスチックなど多くの材料は熱を加えるなどして材料を液状にし、型に流し込み冷えて固まったら型をはずす方法が取られます。工場などの加熱・冷却設備が完備できる場合はこれで良いのでしょうが、これを外の建設現場でおこなうとなると設備面でコストがかさむなど現実的ではありません。

ところが、セメントの水和反応の性質を利用すると問題が解決します。常温でも硬化するセメントを接着剤としたコンクリートは、混ぜ合わせた時にはドロドロの状態で軟らかく、型に流し込んだ後には徐々に硬化するわけですから、型さえしっかりしたものにしておけばかなり複雑な形状の構造物でも施工現場で形づくることが可能になるのです。

②骨材

砂利や砂はコンクリートの骨格になるという意味合いから**骨材**と呼ばれています。骨材は、直径5mm以上の比較的大きな石状の**粗骨材**と、5mm未満の砂状の**細骨材**に分けられます。セメントと水と細骨材（砂）を混ぜ合わせるとモルタル、セメントと水と細骨材（砂）と粗骨材（砂利）を混ぜ合わせるとコンクリートと呼ばれます（図1・9）。コンクリートのなかで骨材は、体積の 60〜80％程度を占めています（図1・10）。多くの体積を占めていますので、骨材の性質はコンクリート全体の性質に影響を与えます。

また、骨材は、川などで採れる天然の骨材から人工的につくり出される骨材、解体したコンクリートからリサイクルされる**再生骨材**など、たいへん多くの種類があります。見た目はどれも石や砂ですが、コンクリート用骨材として使用して良いものであるのかを判断することが必要です。また、そのためには、コンクリートに使用するうえでどのような留意が必要かを明らかにしておく必要があります。骨材としての性質を見極めるためには、物理的な性質と化学的な性質の両面から判断をすることになります。

③混和材料

コンクリートの基本的な構成は、セメント＋水＋骨材ということになりますが、コンクリートのおかれる施工条件や環境条件によってさまざまな性能が要求されます。例えば、構造物の形状が複雑であったり、断面寸法が薄い場合、型に流し込むコンクリ

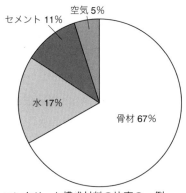

図1·10 コンクリート構成材料の比率の一例

ートは流動性の高いものにする必要があります。また、例えば海水中の塩分のように化学成分がコンクリート構造物に影響を与えることが懸念されるような条件では、影響を緩和するような対策をとる必要が出てきます。このように、特定の性能を付加するためにコンクリートに混ぜ合わせる材料を混和材料と呼んでいます。コンクリートを料理に例えれば、混和材料は調味料やスパイスとして考えるとわかりやすいでしょう。すなわち、肉や魚、野菜といった食材は合わせて煮込んだだけでも食べられるのですが、私たち人間は、砂糖や塩で味付けしたり、コショウなどの香辛料で風味を出してよりおいしく食べるように工夫します。コンクリートも条件に合わせて混和材料を使って工夫すると考えてください。

混和材料には大きく分けて2種類あります。1つは、比較的多量に添加することによって効果を出すもので「混和材」と呼びます。料理のレシピで大さじ2杯とかカップ1杯とか表示される砂糖や塩などの調味料に対応するものです。もう1つは比較的少量でも効果を発揮するもので「混和剤」と呼んでいます。料理のレシピではコショウ少々やバニラエッセンス少々など量の表示がなく、パラパラと使用するスパイスに相当するものと考えてください。これらの混和材料には実にさまざまな種類があり、多様な性能をコンクリートに付加しています。

以上のような材料からコンクリートは構成されています。

4 コンクリートを学ぶにあたって

2～5章では、良いコンクリートをつくることのできる技術者になるための基礎知識を身につけることを達成目標にしています。これらを学ぶことで、前述したコンクリートを構成する一つ一つの材料の物理的あるいは化学的な知識を身につけ、要求される性能に応じて構成材料の割合を決定する配合設計ができるようになります。それでは、良いコンクリートの条件を整理しておきます。

①固まる前のコンクリートは、型に詰める作業をおこなえる軟らかさをもち、かつ、材料の分離を起こさない（適度なワーカビリティをもつ）
②硬化後のコンクリートはすみやかに所要の強度を発現する
③長期に及ぶ供用期間にわたって所要の性能を維持し続ける
④特定の施工条件や環境条件において要求される性能を発揮する

表1·1に2～5章を読み進めるうえで重要となるコンクリートに関する用語を説明しておきます。なお、詳細については5章「コンクリート」を参照してください。

---

episode ♣ 近代的コンクリートの開発

みなさんが目にしている近代的なコンクリートの開発は、産業革命時代のイギリスに端を発しました。灯台を建設することを命じられたイギリスの技術者が波に洗われる基礎を堅牢なものにするために工夫を始めたのが最初といわれています。中世からヨーロッパでは石造の文化があり、道路、橋、水道、城砦、住居とあらゆる構造物を石造でつくり上げてきました。コンクリートはまさに石造の代替、すなわち、人工的に岩石をつくり出すことを目指して開発が始まったのです。現在の中国では、コンクリートのことを石偏に人工」と書いて「砼」と表記しています。このように人工の石造を目指して開発されたため、コンクリートが担う役割も石造の場合と同じようになります。

図1・11 プラスティシティ　　　　　　　　図1・12 スランプ試験

表1・1 コンクリートに関する基本的な用語

用語	説明
フレッシュコンクリート	セメント、水、骨材および混和材料が混ぜ合わされたまだ固まらない状態にあるコンクリートのこと
ワーカビリティ	材料分離を生じることなく、運搬、打込み、締固め、仕上げなどの作業が容易にできる程度を表すフレッシュコンクリートの性質、コンシステンシーやプラスティシティを含み総合的にフレッシュコンクリートの作業性を表現する用語
コンシステンシー	主として水量の多少によって左右されるフレッシュペースト、フレッシュモルタルまたはフレッシュコンクリートの変形または流動に対する抵抗性
プラスティシティ	容易に型枠に詰めることができ、型枠を取り去るとゆっくり形を変えるが、崩れたり、材料分離したりすることがないようなフレッシュコンクリートの性質（図1・11）
フィニッシャビリティ	粗骨材の最大寸法、細骨材率、細骨材の粒度、コンシステンシーなどによる仕上げの容易さを示すフレッシュコンクリートの性質
スランプ試験	フレッシュコンクリートの軟らかさ、すなわち、コンシステンシーを評価する試験方法。コーンにコンクリートを詰めてコーンを鉛直上向きに引き上げた後、コンクリートの上端が沈み込み下がる量を測定する。スランプが大きければコンシステンシーが小さい、すなわち軟らかいコンクリートであることを示す（図1・12）
材料分離	フレッシュコンクリート中の材料の密度が異なることによって起こる分離現象のうち、主に粗骨材とモルタルの分離に起因して、構造物中で粗骨材が偏って存在してしまう現象
ブリーディング	フレッシュコンクリート中で最も密度の小さな水が、他の材料と分離して、コンクリートの上面に向かって移動する現象
強度	材料が耐え得る最大の応力
耐久性	長期間にわたって所要の性能を維持し続ける性能
水セメント比（W/C）	コンクリート1m³あたりに含まれる水とセメントの質量の比率。セメントペーストといういわば接着剤の濃度に関係し、W/Cが大きくなるとセメントペーストの濃度は薄くなることを示す

演習問題 1-1

(1) 応力とひずみの定義を説明しなさい。

(2) 弾性と塑性の違いを説明しなさい。

(3) 弾性係数について説明しなさい。

(4) ポアソン比について説明しなさい。

(5) クリープについて説明しなさい。

(6) リラクセーションについて説明しなさい。

(7) 疲労寿命について説明しなさい。

(8) JISやISOについて説明しなさい。

(9) コンクリートを構成する材料は何か、説明しなさい。

2章
セメント

1 セメントの役割

1 セメントとは

セメントという言葉は、埋めて繋ぎとめるという意味をもちます。

建設用のコンクリートをつくる際に用いるセメントは、**ポルトランドセメント**と称されるものと、これに高炉水砕スラグやフライアッシュなどの**ポゾラン**と呼ばれる粉体や石灰石微粉末などを混合した**混合セメント**の2種があります。糊であるセメントは、骨材を繋ぎとめる役割を担います。この役割からセメントは**結合材**とも呼ばれています。固める主体はあくまで骨材で、セメントは脇役です。糊で紙を貼ることを想像してください。糊は少ないほうが良いのです。欲張ってたくさん糊を使うのはかえって上手く付きません。

しかしコンクリートの強さは、構成材料である骨材とセメントペースト、および両者の結びつきの強さに左右されるため、結合材のセメントペーストの強度が重要になります。骨材がいくら強くても糊が弱ければ、糊の部分で破壊するからです。

セメントは水と反応しやすい性質をもっており、セメントを構成する鉱物は水と結合（水和という）し、**水和物**を生成することで強度を発現します。

セメントは骨材を繋ぎとめますが、水とともに練り混ぜた直後はペーストを構成して、骨材を型枠の中に均一に運搬する役割もあります。練混ぜ直後のコンクリートは流動性を有し、型枠の形状に従い、どのような形にもなりえるのです。

2 結合材以外の役割

さらにもう1つ、セメントには重要な役割があります。鉄筋の**防錆**(ぼうせい)です。鉄は大気中では酸素と反応して錆びていきます。もともと地面のなかで酸化鉄として安定していたものを、製鉄所でわざわざエネルギーを投入し、還元作用により純粋な鉄にしているのですから、酸素が存在する地上で錆びるのは当然です。セメントは高いアルカリ性の雰囲気をつくるため、鉄の表面に不動態皮膜と呼ばれる安定した酸化膜を形成し、錆びの進行を極めて有効に抑制します。

つまり、セメントは①ペーストとなり、骨材を運搬することで、目的の形状を容易に達成し、②骨材を繋ぎとめることでコンクリートを強くし、さらに③内部の鋼材を長期間にわたり安定的に存在させる、という3つの役割を有します。最後の役割が長期間

episode ♣ セメントの紀元

現代のセメントとは化学組成が異なりますが、セメントは9000年も前から使われていたそうです。

場所はイスラエルのガラリア地方の住宅の床。その次に古いのが5000年前の中国の住居跡。エジプトのピラミッドにも。有名なのはローマ時代の数々の構造物。2000年以上前からイタリアではベスビオ火山の火山灰と石灰（石灰石を焼成したもの）を混合してセメントとして使っていました。ポッツォーリ（Pozzoli）で取れる火山灰なのでポッツォラーナ（pozzolana）と呼ばれ、これがフライアッシュなどのシリカ質材料を表すポゾランの語源と考えられています。

ではセメントは？　ローマ時代、石灰とレンガ屑粉砕物を混合して結合材としていたようですが、これをセメンタム（caementum）と呼んでいたことにもとがあるようです。

表2・1　セメントの重要な4つの役割

役割	機構
①分散媒体	適度な粘性のペーストによる骨材輸送
②結合材	結合力の強い水和物の生成
③鋼材防錆	水和物による高アルカリ性の安定的付与
④環境貢献	廃棄物のセメント原燃料としてのリサイクル

続くかどうかが重要な場合が多く、この性能の継続性を**耐久性**という言葉で表現します。

最近では、セメントの役割に④廃棄物や副産物の活用による環境貢献という項目が加わっていることも忘れてはいけません。以上をまとめると、表2・1に示すようになります。

2 セメントの種類と性質

国内でもセメントの種類は実にたくさんあります。さらに海外ではそのいくつかを組合せても良いとする規格もあるので、その種類はほとんど無限大です。しかし地域ごとにみていけば、実際に使用されてい

表2・2 国内のセメント一覧（C:セメント）

規格	名称	特徴と用途
ポルトランドセメント（PC）		
R 5210	普通PC	標準的なセメント、十分な強度が得られるのに28日の養生（コンクリートの表面が乾燥しないように、水を与えシートで覆う）が必要である 【凝結時間・規格値】始発60分以上、終結10時間以内 【粉末度】比表面積（cm^2/g）規格値 2500以上　　【密度】$3.14g/cm^3$
	早強PC	普通ポルトランドセメントと比較して、エーライト C_3S を多くして、粉末度を高めて（粒子が細かい）強度の発現を早くしている。十分な強度が得られるのに7日の養生が必要。低温時のコンクリート工事（寒中コンクリート）に適している 【粉末度】比表面積（cm^2/g）規格値 3300以上　　【密度】$3.12g/cm^3$
	超早強PC	エーライト C_3S をさらに多くして、強度の発現を早くしている。十分な強度が得られるのに3日の養生が必要。緊急工事用（実績無） 【粉末度】比表面積（cm^2/g）規格値 4000以上　　【密度】$3.14g/cm^3$ *
	中庸熱PC	エーライト C_3S、アルミネート相 C_3A を減らして、ビーライト C_2S を多くし、粉末度を小さくしてゆっくりと反応させ、水和反応の時に発生する熱を少なくしている。初期強度は小さいが、長期強度が大きい。ダムなどのマスコンクリート（大きな部材）に、水和熱によるひび割れの発生を防ぐために用いられている。低発熱でマスコンクリート用 【粉末度】比表面積（cm^2/g）規格値 2500以上　　【密度】$3.21g/cm^3$
	低熱PC	中庸熱ポルトランドセメントよりも発熱量を少なくしている。特に水和熱低減が必要な用途　【密度】$3.21g/cm^3$
	耐硫酸塩PC	硫酸塩（酸性の土壌、海水、工場排水等に含まれる）に対する抵抗性を高めるため、化学抵抗性の低いアルミネート相 C_3A を減らしている。高 SO_4^{2-} 濃度の土壌用 【粉末度】比表面積（cm^2/g）規格値 2500以上
R 5214	エコC	半分以上が廃棄物のグリーン材料　【密度】$3.15g/cm^3$
混合セメント（各種混和材料を添加）		
R 5211	高炉C	高炉水砕スラグを添加。40～45%添加が多い　【密度】$3.03g/cm^3$（B種）
R 5212	シリカC	ポゾラン反応を期待可能　【密度】$3.11g/cm^3$（A種）*
R 5213	フライアッシュC	微粉炭燃焼ボイラーから発生するフライアッシュを混合　【密度】$2.97g/cm^3$（B種）
規格外	石灰石フィラーC	石灰石微粉末を添加したPCで、欧州では汎用品、北米でも拡大中
機能性セメント（特徴ある機能が求められる）		
A 6202	膨張材	膨張性水和物を生成し、収縮補償・ひび割れ低減。セメントに混ぜて使用
規格外	超高強度用C	シリカフュームを添加した超低 W/C 用
規格外	急硬C	数時間で強度発現し、緊急工事に向く
規格外	アルミナC	アルミン酸 Ca を主成分とし、早強・耐食性、耐火物用途
規格外	油井C	原油用の油井掘削坑に用いる特殊品
規格外	地熱C	200℃以上で使用可能。地熱発電井戸用
規格外	白色C	PC中の鉄（Fe）を減じ、白色化したもの
規格外	カラーC	白色Cに顔料を混合し種々の色合いに
規格外	超微粉末C	コロイドCと呼ばれ、地盤注入用
規格外	低発熱型三成分C	高炉スラグとフライアッシュを混合し低熱化したPC

　　　　内は、流通量が比較的多いセメントを示す

（参考文献：岡田清ほか共編『土木材料学』国民科学社、セメント協会『セメントの常識』2013、*は1978版）

る種類はわずかです。

最近では建設分野であっても海外での仕事が増えています。セメントは、各国で使用されている種類も規格体系も大きく異なっています。セメントは国際的戦略商品で、特に発展途上国では重要です。セメントがなければ橋やトンネルなどの交通インフラやビルなどの建築物も製造できないからです。

1 国内で使用される主要なセメントの種類とその性質

国内で使用されているセメントの種類は、ごくわずかな実績なども含めると表2・2のようになります。改めてまとめると、こんなにあるのかと驚きます。2014年には6611万tのセメントが製造されました（含輸出）。種類は多いのですが、このうち国内で実際に使用されているのは5669万tで、普通ポルトランドセメントが69％、高炉セメントが21％、早強ポルトランドセメントが6％、中庸熱ポルトランドセメントが1％で、残りはあわせても1％程度です。

2 セメントはなぜ固まるか

①セメントの中身

セメントは**クリンカ**と呼ばれる焼成物とセッコウを粉砕・混合して製造されます。セメントに本質的に必要な5つの**鉱物相**を水和反応により生成する水和物とあわせて表2・3に示します。図2・1には粉砕前のクリンカの組織を示します。化学成分については、この分野の慣例で以下のように省略します。

$CaO = C$、$SiO_2 = S$、$Al_2O_3 = A$、$Fe_2O_3 = F$、$SO_3 = \bar{S}$、$H_2O = H$

- **エーライト**：ケイ酸三カルシウム（$3CaO \cdot SiO_2$、略号 C_3S）。主に強度発現を担う
- **ビーライト**：ケイ酸二カルシウム（$2CaO \cdot SiO_2$、略号 C_2S）。初期強度発現性は低いが、長期強度に寄与し、低発熱
- **アルミネート相**：アルミン酸三カルシウム（$3CaO \cdot Al_2O_3$、略号 C_3A）。フェライト相とともに焼成中にケイ酸三カルシウム（とケイ酸二カルシウム）の生成反応を促進
- **フェライト相**：鉄アルミン酸四カルシウム（$4CaO \cdot Al_2O_3 \cdot Fe_2O_3$、略号 C_4AF）。セメント色の原因

表2・3　ポルトランドセメントの主成分と水和反応生成物
（$CaO=C$、$SiO_2=S$、$Al_2O_3=A$、$Fe_2O_3=F$、$SO_3=\bar{S}$、$H_2O=H$）

	成分	名称	水和反応生成物	役割
クリンカ鉱物	C_3S	エーライト	C-S-H + CH	凝結と初期強度
	C_2S	ビーライト	C-S-H + CH	長期強度
	C_3A	アルミネート	$C_3A \cdot 3(C\bar{S}) \cdot 32H$ $C_3A \cdot C\bar{S} \cdot 12H$	クリンカ中でのC_3S&C_2Sの結晶成長促進
	C_4AF	フェライト	上記のAを置換	同上
添加物	$C\bar{S}$	セッコウ	C_3A&C_4AFと反応	C_3Aの初期水和制御
水和物	C-S-H	シーエスエイチ		強度発現
	CH	ポルトランダイト		C-S-H生成の副生物
	AFt	エトリンガイト	$C_3A \cdot 3(C\bar{S}) \cdot 32H$	
	AFm	モノサルフェート	$C_3A \cdot C\bar{S} \cdot 12H$	

【水和反応】
エーライト C_3S + H_2O → 水酸化カルシウム $Ca(OH)_2$
ビーライト C_2S + 珪酸カルシウム水和物 → C-S-H
アルミネート相 C_3A + セッコウ + H_2O → エトリンガイド
C_3A + エトリンガイド + H_2O → モノサルフェート水和物
　　　　　　　　　　　　　　　アルミン酸カルシウム水和物

*フェライト相 C_4AF は、アルミネート相と同様の反応を示し、水和生成物は Fe_2O_3 を一部固溶して、Al_2O_3 を $(Al_2O_3)_x(Fe_2O_3)_{1-x}$ で置き換えたかたちで表現できる

（参考文献：岡田清ほか共編『土木材料学』国民科学社）

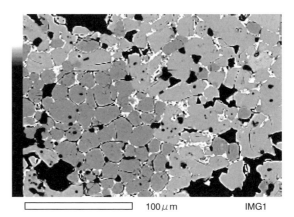

図2・1　走査型電子顕微鏡によるクリンカの反射電子像（明るい灰色：ケイ酸三カルシウム（C_3S）、暗い灰色：ケイ酸二カルシウム（C_2S）、粒界の白：アルミン酸三カルシウム（C_3A）＋ 鉄アルミン酸四カルシウム（C_4AF）、黒：穴）

- **間隙相**：粒状のエーライトとビーライトを充填するように存在するのでこのように呼ばれる。アルミネート相とフェライト相からなる
- **セッコウ**：硫酸カルシウム（$CaSO_4$。結晶水がなし、1/2、2の場合がある。略号ＣＳ）。アルミネート相は水と接すると急激な反応を起こしてしまい、コンクリートを打設するまでの流動性を確保できない。しかし、ここに適切な量（SO_3でおよそ2.0～3.0%）のセッコウを添加するとアルミネート相の反応は緩やかになり、硬化までに数時間、水和が停滞した時間（誘導期）を確保できる

②セメントの製造工程

それでは実際のセメントの製造工程を説明しましょう。全体像を図2・2に示します。

|原料工程| セメント製造において焼成原料として必要な特性を調整

- **石灰石**：主原料。日本では世界でも例外的に高純度な石灰石が産出する。このような高純度石灰石は、日本、中国東部、ベトナム北部などに限られ、他の国々では不純物を多く含む
- **シリカ源**：強度発現を担うケイ酸カルシウム生成のための副原料。ケイ石やケイ質頁岩、廃棄物としては鋳物砂などが用いられる
- **アルミナ源**：ケイ酸カルシウムの結晶成長に必要な液相をつくる。かつては粘土が用いられていたが、現在、日本では石炭火力発電所から排出される石炭灰、都市ごみ焼却灰、建設発生土などに変わっている。これらの**廃棄物**はアルミナを多く含んでおり、廃棄物の使用量が多いとアルミネート相の多いセメントになる
- **鉄源**：アルミネート相ばかりでは高い反応性を示し扱いにくくなるため、鉄も加えて反応性がより低いフェライト相とし、水和反応を抑制する
- **原料調整**：原料を適度に微粉砕し、化学組成を調整、均一化する。各原料の適切な粒度への調整と混合度合いが次工程でのクリンカ鉱物の効率的な生成に強く影響し、性能（強度発現性）を左右する

|焼成工程| 粉末にしたセメント原料を1450℃でクリンカに焼成

- **脱炭酸**：原料工程で準備したセメント原料を焼成タワー（図2・3）の排気側から**熱交換**のために投入し、**ロータリーキルン**（横置きパイプ状の回転釜）の廃熱などを利用して炭酸カルシウム（$CaCO_3$、方解石）から脱炭酸させ酸化カルシウム（CaO、遊離石灰）を生成させる（図2・4）
- **クリンカリング**：原料はキルンに入ると、数cmまでの大きさの粒状になる（図2・4）。これはC-

解説 ♠ 相と成分の違い

化学成分が特定の比率で結合し、ある鉱物（もしくはガラス）を生成します。物質の状態を気相、液相、固相と区分しますが、固相を鉱物種類で分類する際に、鉱物相（あるいは略して相）という言葉を用います。単に成分というと化学成分なのか、鉱物相を指すのかわからないので、注意が必要です。

セメントの主要（鉱物）相はエーライト、エーライトの主（化学）成分は酸化カルシウム、ということになります。普通ポルトランドセメントの化学組成は「酸化カルシウムが64%」、鉱物組成は「エーライトが59%」と表現します。

---

episode ♣ 日本のセメント事情

日本では技術開発と流通システムの進歩から、どの工場のセメントでもほとんど同じ品質をもつに至りました。1つの工場で一種類の普通ポルトランドセメントのみを優先的に取り扱い、その流通コストが最低になるような運搬がなされています。

逆に、この流通システムゆえに、少量の多様なセメントを供給する場合には価格が相当に高くなってしまうという問題もあります。技術的にはコンクリートの性能を制御するために各種のセメントを使いたくなることもありますが、経済的に成り立つかどうかは別問題です。

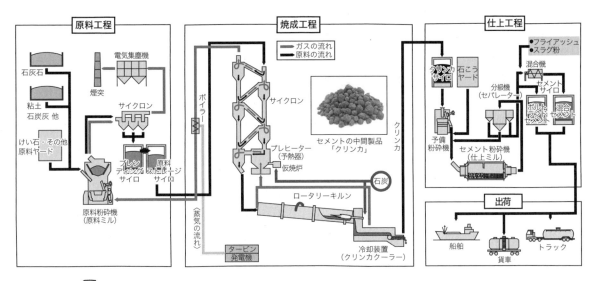

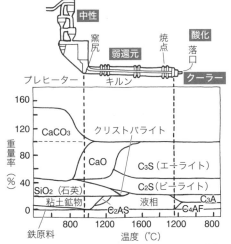

図2·2 セメントの製造工程（上）とクリンカ鉱物の生成工程（下）（出典：内川浩他『わかりやすいセメント・コンクリートの科学 第1巻』1995、秩父小野田㈱、p.15）

図2·3 焼成タワーとロータリーキルン（提供：セメント協会）

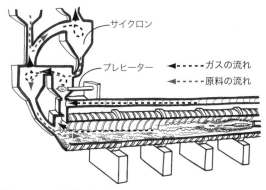

図2·4 ロータリーキルン

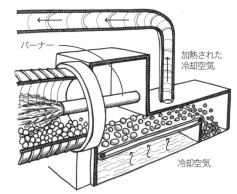

図2·5 冷却装置

A-F系の液相（間隙相）が生じて、粉体を団子状の**クリンカ**にまとめていくからである。クリンカの大きさを制御するのがオペレータのテクニック。クリンカのなかでは酸化カルシウムと二酸化ケイ素（SiO_2）からケイ酸二カルシウム（ビーライト）が1200℃くらいから生成する。さらに1350℃を超えるとこのビーライトと酸化カルシウムが反応しケイ酸三カルシウム（エーライト）が生成する。これらの反応はC-A-F系の液相を通してカルシウムが拡散することで起こる。エーライトがじゅうぶん生成し、遊離石灰が減少すると反応は終了

- 冷却：クリンカは冷却装置中で急冷される（図2・5）。この時、単一の液相だった間隙質が2相に分離し、アルミン酸三カルシウム（アルミネート相）と鉄アルミン酸四カルシウム（フェライト相）になる

|仕上工程| クリンカを粉砕してセッコウを加えセメントを製造

- クリンカの粉砕とセッコウとの混合：セメント製造の最終段階。この粉砕条件次第で、セメントの強度発現パターンが大きく変わる重要なプロセス。同じ鉱物組成を考えると、ある材齢までに反応する粒子の大きさはおおよそ決まっている。大粒径のセメントが残っていると反応しつくすまでに長時間を要するので経済的ではない。粉砕装置と分級器を組み合わせ最適な粒度分布となるように調整する

- 混合セメントの製造：製造されたポルトランドセメントと別途、適切に粒度調整された**高炉水砕スラグ微粉末**や**フライアッシュ**を混合し、高炉セメントやフライアッシュセメントなどの混合セメントとする。各種のポルトランドセメントは原料工程で化学組成を変化させることで異なる種類のものを製造するが、各種の混合セメントは仕上げ工程で混合する材料を変えることで製造する

以上、セメント製造工程を説明してきましたが、現代のセメント製造では間隙相が重要になっています。間隙相は、ビーライトとそれに引き続いて生成するエーライトの効率的生成のために必要なので、あまり減らしすぎても生成効率は下がるし、多すぎるとクリンカの急冷が可能な粒径に制御するのが難しくなります。性能面でもアルミネート相が多いと発熱は多少多くなりますし、耐硫酸塩性は悪くなる傾向にあります。しかし、反応を制御することは可能であり、セメントの設計次第ではアルミナを多く含む廃棄物をより多くした新しい環境調和型のセメントも実現可能です。

③ポルトランドセメントの品質の特徴

表2・2に示したポルトランドセメントのなかから、代表的なものの品質の特徴を説明します。

普通ポルトランドセメントの品質は、材齢28日でのモルタル圧縮強さという尺度で管理されます。これに比較し、**早強ポルトランドセメント**は、普通ポルトランドセメントよりも早期に強度発現をするように設計されています。製造にはエーライトの比率をより高くし、より微粉砕化します。品質管理は材齢28日に加え7日のモルタル圧縮強さでもおこ

---

episode ♣ ネーミングの妙

ポルトランドセメントは1824年にアスプディン（Joseph Aspdin）というイギリス人によって発明されました。欧州は今でも石造りの家が多いですが、当時、ポルトランド島から採れる石灰岩が高級ブランドとして人気がありました。アスプディンが発明したセメントを使ってコンクリートをつくると、このポルトランド石灰岩と似た感じに仕上がりました。この人気にあやかってか、ポルトランドセメントと名付けられ、その名前ゆえに、大ヒット商品となったといわれます。性能が良かったとか便利だったからではなく、いわば低価格のイミテーションとして大人気になったのです。日本人は名前をつけるのが下手です。カッコイイ名前をつけると何となく欲しくなるもの。土木は嫌だけど、建設システムなら…なんてみなさん思ってませんか？

解説 ♠ ポルトランドセメントの反応

　製造されたセメントは水と練り混ぜられコンクリート中で結合材となります。ここではポルトランドセメントと水の反応について説明します。

　初期の反応はセメントからの発熱を測定することで特徴付けることができます。セメントを水と練り混ぜると、まず急激なエーライトとアルミネート相の溶解反応が起き発熱します。しかし、その反応は数分で緩慢になります。この発熱を水和の第1ピークと呼びます（右グラフのA）。

　この後しばらくは水和が停滞し、この時期は誘導期と呼ばれます（グラフのB）。この誘導期のおかげで、コンクリートは流動性を保った状態で運搬と施工が可能となります。この誘導期を長くしたり、短くしたりする薬品も知られています。

　誘導期が終了するとエーライトの水和が再度活発になり、硬化を開始します。この現象を凝結と呼びます。凝結には始発と終結と呼ばれる2つの状況が測定方法とともに定義されています。始発はグラフのDのピークの立ち上がりに対応し、これ以降はセメントペーストは固体としての挙動を示すようになります。終結は定義はされていますが、実用的に意味合いはあいまいです。この時期には、水和発熱速度も一時的に増え、水和の第2ピークと呼ばれます（グラフのD）。

　この水和の第2ピークに重なるようにして、水和の第3ピークと呼ばれるものが現れます（グラフのF）。これは、セッコウにより活発な反応が抑制されていたアルミネート相が、セッコウの消費に伴い再度活発な水和を一時的に始めることに対応しています。

　エーライトが反応するとC-S-H（表2・3参照）がエーライトを取り巻いていきます。その結果、エーライトからの元素移動が水和生成物に邪魔され、新たな水和物の生成速度は急激に遅くなっていきます。エーライトが消費されるに従い、代わってビーライトが水和をはじめ、長期間にわたり、徐々に空隙を埋めていきます。右図は水和物が生成して、空隙を埋めていく様子を示します。材齢3日と28日の電子顕微鏡写真を見比べると、黒く見える空隙が減少し、C-S-HとCHの部分が増加しており、緻密になってきたことがわかります。

　さらにC-S-Hを細かく見てみると、微細な結晶からなることがわかります。右下の図では約10万倍、100nmが1cmです。幅10nm程度の繊維状になったものがC-S-Hで絡み合っています。

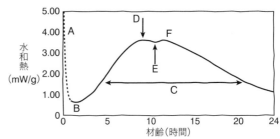

セメントの初期水和発熱パターン（A：節水直後の浸潤熱とC$_3$Aの活性な初期水和による水和の第1ピーク、B：水和が停滞する誘導期、D：凝結をもたらすC$_3$Sの初期水和による第2ピーク、F：セッコウの消費に伴うC$_3$Aの再活性化による第3ピーク）

1. 水和直後　2. 数時間後　3. 数日後

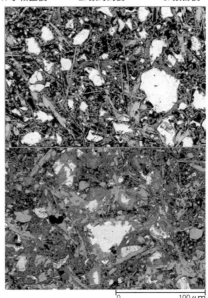

セメントの水和組織（500倍の走査型電子顕微鏡による反射電子像。上は材齢3日、下は材齢28日。白い粒子：未反応セメント、針状物質：エトリンガイト、塊の明るい灰色：CH、暗い灰色：C-S-H、黒：空隙）

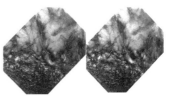

C-S-Hの透過型電子顕微鏡像（10万倍、ステレオ像）

ないます。早期強度が必要なコンクリート（低温環境での施工、製造効率を重視するコンクリート製品など）で使用されますが、水和発熱量が多いため温度ひび割れのリスクは高くなります。

逆に、水和発熱を抑制するにはビーライトの比率をより高くします。こうして製造されるのが**中庸熱ポルトランドセメント**と**低熱ポルトランドセメント**で、これら両者はビーライトの比率が異なります。

④強度を支配するもの

硬化したセメントペーストは、未水和セメント、水和物、空隙（もしくは水で満たされた水隙）からなり、強さもこの順に弱くなります。したがって、弱いものが少ないほど硬化ペーストの強度は高くなるわけです。水和が進むと強度が高くなるのは、空隙を水和物が埋めていくためです。そもそも最初から水を少ししか入れなければ弱い空隙や水和物はより少なくなりますから、さらに高強度化ができます。

セメントが硬化することを、セメントが乾く、と呼ばれることもありますが、粘土が乾いて固化するのとは話が違い（図2・6）、100nm以下の小さな結晶（C-S-H）が空隙を充填し、その粒子間の相互作用力で強度を発現していきます。粘土ならば水をかけると再度やわらかくなりますが、セメントペーストは水と結合しながら強度を発現していくので、硬化中はむしろじゅうぶんな水分が必要です。

強度を高めるため単に水を少なくするとセメントペーストの流動性は低下して、コンクリートを簡単には輸送・充填できなくなります。こういう時には、減水剤もしくは高性能減水剤（p.47参照）と呼ばれるセメント分散剤を用いると同じ水セメント比（p.30参照）でも高い流動性を確保できるため、強度を高くしかつ施工性が良いコンクリートを得ることができます。

セメント硬化体の強度は、水和により生成した水和物が空隙を充填して高くなるので、強度発現速度は水和物の生成速度に支配されます。セメントを構成する相の水和速度は、主に構成相の種類と粒径に依存しており、速い順にC_3A、C_3S、C_4AF、C_2Sとなります。この性質から、C_3Sが多い早強や普通ポルトランドセメントは、C_2Sが多い中庸熱や低熱ポルトランドセメントよりも強度発現が早くなります。混合セメントは水和速度が遅いガラス相を含むので、強度発現はより遅くなります。ガラス相は、Ca含有率が高い方が反応速度は速く、Ca含有率の高い高炉スラグの方がフライアッシュより反応性に富むのはこのためです。強度発現には粒径も強く影響しており、小さい方が反応に関与する表面積が大きくなるので、反応速度が増加します。各種セメントの強度発現性を図2・7に示します。

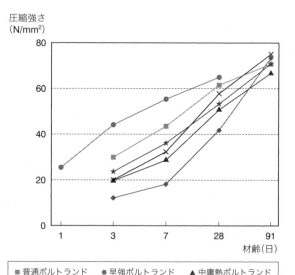

図2・7 モルタル圧縮強さ（JIS R 5201）（出典：セメント協会『セメントの常識』2013）

図2・6 セメント硬化体と粘土の違い（平尾宙 太平洋セメント㈱の原画をもとに作画）

⑤風化

　セメントは大気中の湿分とも反応するため、湿分との接触を避けるように保管する必要があります。通常のセメントは、工場から出荷後、圧縮空気による粉体の流動化により転送し、サイロなどで保管されるため、定常的に流通しているセメントには湿分との反応はほとんどありません。セメントが湿分と二酸化炭素を含んだ大気と接することを風化と言います。風化は、水和反応性が最も高い相（C_3A）から始まり、極端に風化が進行すると種々の異常現象が認められるようになります。例えば、練混ぜ後のこわばり、減水剤の効果の変化、凝結異常とそれに伴う強度発現速度の低下、などが報告されています[文献1]。袋詰めされたセメントを実験室等で保管する際には、

episode ♣ 1人当たりセメント消費量

　セメントは道路や鉄道などの社会インフラ整備に必要な基本的資材です。つまり、社会インフラを積極的に建設しているところではセメント消費量が必然的に増加します。

　2000年時点での1人当たりのセメント消費量を見てみると、日本は570 kg/人で、世界平均270kg/人よりもかなりたくさん消費していました。ところが2007年では、日本は434 kg/人（55.5Mtを1.28億人で消費）と減少傾向にあり、一方世界平均は412 kg/人（2.77Gtを66.7億人で消費）と増加しています。2000年から世界全体の景気が良くなり、日本は公共投資を削減したということでしょう。

　特に消費量が多いのは石油産出国で1000～2500 kg/人にもなります。その他、日本を越えるのは、欧州で経済発展が著しいルクセンブルク、ポルトガル、スペインなどと、アジアの建設投資も経済も好調な（であった）韓国、台湾、シンガポールなどです。中国も2000年の463 kg/人から2007年には841 kg/人と大きく数字を伸ばしています。一方で、現在も発展途上の国々では100kg/人に満たないのが現状です。

　もともと富裕層が多いルクセンブルクや石油産出国は特別ですが、1人当たりのセメント消費は社会インフラの整備を反映し、経済的に発展しピークに達する辺りで多くなると考えられます。GDPが大きくかつ社会インフラをさらにつくりたい国々で1人当たりのセメント消費量は多くなるのです。多くの先進国は既にピークを迎え、停滞～減少傾向にあります。発展途上の国々は国家建設のためにこれから徐々にセメント消費量は増加していくはずです。

　世界的には中国はまもなくピークを迎え、代わってインドでの消費量が急増すると予想されています。さらにアフリカ、ロシアも存在感を増すでしょう。

世界各国の国民1人当たりセメント消費量(年号を特記しない場合は2000年のデータ）（出典：大内雅博「セメント消費量から推定する日本の建設・コンクリート事情」『コンクリート工学』vol.42、No.3、2004、p.13～19に加筆）

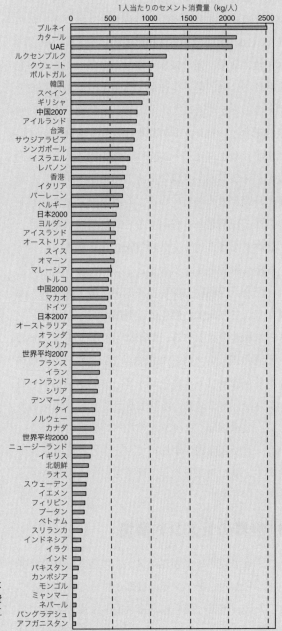

風化を防止するために、さらにポリエチレン袋に入れて保管することが好ましいと言えます。なお、セメント品質規格の強熱減量（950±25℃における質量減少率）は、風化の程度を確認する一つの目安となります。

⑥凝結

セメントを水と混ぜると、次第に流動性を失い、凝結・硬化に至ります。セメントの水和反応の初期段階では、C_3Aとせっこうからエトリンガイトが生成し、C_3SからC-S-HやCHが生成します。これらの水和物により、元々は水（空隙）であった場所が充填されていき、粒子全体が一体化する段階を凝結と考えることができます。その後、水和物がさらに空隙を充填し、セメントの硬化体は強度を発現していきます。コンクリートが流体から固体へ変化する過程を、針が貫入する際の抵抗として測定することで凝結時間が求められています。凝結をコンクリートの物性との関連から説明すると、打設後、表面仕上げをおこなうタイミングの目安となります。

凝結に影響を与える因子としては、セメントの種類、配合、混和材の種類と添加量、化学混和剤、温度などがあります。例えば、温度が高い方がセメントの水和速度は上がり、凝結は早くなります。また、化学混和剤に含まれる有機物はCaイオンと相互作用する官能基（カルボキシル基、スルホン基）を有しており、セメントの水和を遅延させる作用があります。減水剤は、セメント水和への影響が少なく、かつ一定時間流動性が保持できるように設計されています。凝結時間を大きく促進もしくは遅延させる薬剤もあります。

3 世界のセメント事情

ここまで説明してきたセメントの基本は世界共通です。しかし、セメントの種類と性質の項でも述べましたが、現実に使われるセメントは世界各国で多様です。日本では当然と思っていることも世界では特別であったりします。セメントの役割を見直し、原点に返って今後のセメント・コンクリートのあり方を考えるには、世界のセメント事情を理解することも重要です。

世界のセメント事情を理解するには2つのことに注意を払う必要があります。

①規格体系

世界のセメント規格は各国でそれぞれに異なりますが、事実上、2つの規格体系のいずれかに基づいています。

1つは欧州のEN規格（欧州規格）であり、もう1つは米国のASTM規格です。セメントに関するJIS規格はASTM規格に類似するものです。このような背景から、EN規格とASTM規格を理解することが必要になります。

②実際に使用される種類

規格を見ただけでは世界各国でどのようなセメントが現実に使用されているのかはわかりません。日本のセメント種類は表2・2のように多数ありますが、前述のように実際には4種類で99％になるのです。各国でも事情は同じです。

特に欧州のEN規格は、EU諸国でそれぞれに用いられていた材料をすべて包含する必要があったため

---

episode ♣ セメント泥棒にご用心!!

セメントの価格は、売価に対する輸送コストの割合が高いので、輸出する場合は別ですが、食料品などと違い最先端設備を用いればどこでつくってもそれほど大きな価格差はありません。労務費の割合は高くないからです。

逆にいうと発展途上国に行けばセメントはとても貴重品なのです。ですから、セメント泥棒がでます！　日本は1袋25kg入りですが、50kg入りの国もあり、それを担いで逃げていく泥棒の姿を想像してください！

ついでに申し上げれば、泥棒とはいわないまでも、とある国では売上代金をとりはぐれることもしばしばあるらしく、後払いは禁物、札束と引き換えの現金商売が重要だったりします。

表2・4 EN197-1:2000に基づく一般的セメントの分類
(簡略化/質量%)

種類	名称	記号	主成分 クリンカ	主成分 混合材	少量添加成分
CEM I	ポルトランドセメント	CEM I	95-100	—	0-5
CEM II	ポルトランド〇〇セメント*1	CEM II/A-△*1	80-94	6-20	0-5
		CEM II/B-△*1	65-79	21-35	0-5
CEM III	高炉セメント	CEM III/A	35-64	36-65	0-5
		CEM III/B	20-34	66-80	0-5
		CEM III/C	8-19	81-95	0-5
CEM IV	ポゾランセメント*2	CEM IV/A	65-89	11-35	0-5
		CEM IV/B	45-64	36-55	0-5
CEM V	複合セメント*3	CEM V/A	40-64	各18-30	0-5
		CEM V/B	20-38	各18-31	0-5

*1: 〇〇は、スラグ(S)、シリカヒューム(D)、ポゾラン(天然:P、天然焼成:Q)、フライアッシュ(珪酸質:V、石灰質:W)、焼成頁岩(T)、石灰石(不純物量でL、LL)、前記の複合(M)の9種類に分類される。上記( )内は、表中の△に対応する記号
*2: シリカヒューム(10%まで)、ポゾラン、フライアッシュの組合せ
*3: スラグ、およびポゾランもしくは珪酸質フライアッシュの2種類の組合せであり、各々の混合割合が規定されている
(出典:山田一夫、富田六郎「耐久的なコンクリート構造物に適するセメント開発」『コンクリート工学』vol.41、No.2、2003、p.10〜17)

表2・5 EN197-1:2000 強さに基づく分類

強さクラス	圧縮強さ MPa 初期強さ 2日	初期強さ 7日	標準強さ 28日	
32.5N	—	≥ 16.0	≥ 32.5	≤ 52.5
32.5R	≥ 10.0	—		
42.5N	≥ 10.0	—	≥ 42.5	≤ 62.5
42.5R	≥ 20.0	—		
52.5N	≥ 20.0		≥ 52.5	—
52.5R	≥ 30.0			

(出典:山田一夫、富田六郎「耐久的なコンクリート構造物に適するセメント開発」『コンクリート工学』vol.41、No.2、2003、p.10〜17)

に、最大公約数とも考えられるものとなっています。しかし、実際に使用されているのは国ごとに数種類しかありません。

米国は国土も広く、建設に関して州が独自の方針をもつので、州ごとに捉える必要があります。

重要なのは、世界各地で地理的制約、産業構造の違い(例:鉄鋼業がない内陸国では高炉スラグは入手困難、水力発電が主体であればフライアッシュの幅広い活用は無理)などにより、使用される材料がセメントであっても相当に異なるということです。日本の常識にとらわれていたり押し付けたりすることは避けなければいけません。

1 欧州

欧州のセメント分類には、セメント組成による分類とセメントの性能による分類の2通りがあります。欧州の汎用セメントに関する規格 EN197-1:2000 の組成分類を簡略化して表2・4に示します。これは欧州で流通しているセメントを一覧にまとめたもので

す。コンクリートとして使う段階でセメントの種類を特定してコンクリートでの要求を満たすようにします。この手順自体は日本でも同じです。

EN規格のもう1つの特徴は**強さクラス**の規定です(表2・5)。28日強さの到達範囲を定め、3つのクラスに分けており、それぞれ強度発現パターンで普通(N)と早強(R)に区分されます。日本の普通ポルトランドセメントは CEM I 52.5Nに該当します。

前述のように日本では普通ポルトランドセメントの割合が約7割です。2007年、EU全体では2.8億tほどのセメントが生産されましたが、組成種類別では、CEM Iが3割、CEM IIが4割(なかでも石灰石ポルトランドセメントが2割強)、他が3割となり、強さクラス別では、42.5が5割弱、32.5が3割、52.5とその他で2割強、といったこところです。

注意しなければならないのはこれらの比率が大きく変化しつつあるということです。10年前は、32.5が半分強、42.5が4割弱でした。最近の傾向として、32.5は少し減り、42.5が主流になってきています。組成的には、CEM IIの混合セメント、なかでも石灰石ポルトランドセメントが急増しています。次節で述べるように、環境負荷低減への取り組みがおこなわれつつあるためです。

2 米国

米国のセメント規格一覧を表2・6に示します。ASTM C150がポルトランドセメントで、ASTM C595が

混合セメントです。

米国の特徴は、組成分類のほかにセメントの性能分類が示されている点です。ASTM C1157に、一般、早強、低熱、耐硫酸塩の区分があり、各々にアルカリ骨材反応の有無がオプションとして示されています。

米国では基本はポルトランドセメントですが、硫酸塩土壌であったり寒冷地であったりする地域の事情により使用されている種類は異なります。

カリフォルニアでは、硫酸塩土壌が多いためType II/Vというアルミネート相が少ないセメントが使用されます。同時に、生コン工場で20%前後のフライアッシュが多くの場合に添加されているのも特徴的です。これはフライアッシュが、耐硫酸塩性を高めるのに有効であることに加え、カリフォルニアでも深刻なアルカリ骨材反応の抑制にも役立つからです。

米国のセメントは日本と同様、ポルトランドセメントです。ただし、フライアッシュと高炉スラグの化学組成は相当に異なる場合もあり(例えばCa量が多いフライアッシュやAl量が少ない高炉スラグ)、両国の混合セメントの性質は大きく異なる場合も多いので注意が必要です。

世界で異なるのはセメントばかりではなく混和材料についても多様なのです。

4 環境負荷低減への取組み

1 低炭素社会への移行

セメントは原料として石灰石を使うため、製造過程で多量の二酸化炭素(CO_2)を排出します。もっとも効率化が進んだセメント製造システムですと、1tのセメント製造に3GJ(約9000t、風呂オケ4.5万杯の20℃の水を沸騰させるエネルギー)が必要で、0.81tの二酸化炭素を排出します。内訳は、粉砕エネルギーを得るために0.1t、焼成燃料から0.28tで、残りの0.43tが石灰石(主成分の炭酸カルシウム)からの二酸化炭素の放出、**脱炭酸**です。

中国内陸や欧州などにも多く残っている旧式の設備では、焼成に必要なエネルギーが極端に多く必要で、なかには8GJに達する場合があり、これに伴い排出される二酸化炭素も1.43tにもなります。一方で既に設備更新された日本のほとんどの工場や中国沿岸部や発展途上国の新設された工場は最先端で、エネルギー効率の改善は限界に達しています。

世界の人口推移を元に将来のセメントを予測した例では、2050年には現在の倍のセメントが消費されます。セメント1t当たり0.81tの二酸化炭素が排出されるとすれば、現在の世界のセメント生産量が2.5Gt、それによる総二酸化炭素排出量は2Gtとなり、世界全体の二酸化炭素排出量の9%を占めることになります。このままでは4Gtの二酸化炭素排出となり温暖化へのインパクトはひじょうに大きいことになります。最近のG8サミットで、2050年までに二酸化炭素排出量を現在の半分にしようという目標が提案されていますが、石灰石からセメントを製造する限り、その達成は容易ならざることです。

表2・6 ASTMによるセメント分類一覧

規格	略号	名称
C 150-07: ポルトランドセメント	Type I [*1]	特定の要求なし
	Type II [*1]	中耐硫酸塩性 / 中庸熱
	Type III [*1]	早強
	Type IV	低熱
	Type V	高耐硫酸塩性
C 595-08: 混合セメント	Type IS [*2]	高炉スラグセメント
	Type IP [*2]	ポゾランセメント
C 1157-03: 水硬性セメントの性能規定 [*3]	GU	一般
	HE	早強
	MS	中耐硫酸塩性
	HS	高耐硫酸塩性
	MH	中庸熱
	LH	低熱

[*1]: Type I、II、III には IA のように示し、A で空気連行型を表示
[*2]: 各種添え字で追加情報を示す。(X):スラグやポゾランの添加量、(A):空気連行型、(MS)(MH):中庸な耐硫酸塩性 / 水和熱、(HS)(LH):高い耐硫酸塩性 / 低い水和熱
[*3]: オプションとしてアルカリ反応性骨材使用時に低反応性の指定(添え字Rで示す)

経済活動の発展とともにセメント消費量は増えるので、環境負荷低減を考えると、世界規模でセメント産業はエネルギー効率の改善、代替燃料・廃棄物・副産物の有効利用を進める必要があります。最新システムでも脱炭酸が二酸化炭素発生の半分以上を占めるのですから、脱炭酸を伴わない混和材料を用いた混合セメント化が重要です。

二酸化炭素削減のため、世界に先駆けてセメントに炭素税を導入したドイツの例を紹介します。欧州では伝統的に強さクラスの低いセメントが主流でしたが、欧州全体の傾向と同じく、最近は中程度の42.5クラスが主流になりつつあります。混合セメントとすることで環境負荷を低減しようとしているのです。2006年において、世界の全セメントに占める混合材の割合は約22％でしたが、ヨーロッパでは将来的に約30％まで増加すると予想されています文献2。

十数年前まで主流だった強さクラスの低いポルトランドセメント（CEM I 32.5）は急激にシェアを落とし、代わりに強さクラスを問わず混合セメントCEM IIが急増しています。なかでも石灰石を混合材としたセメントが多くなっています。エネルギー効率の観点では日本は先進的ですが、前述のように環境負荷が低い混合セメント化という観点では相当に立ち遅れており、流通システム全体を含めて国内のセメントを見直す時期にあるといえます。

2 エコセメントへの期待

セメント製造においては、2012年には481kg/tの廃棄物・副産物が活用されており、セメントのほぼ半分でリサイクル材料が使用されています。リサイクル材料を使っているといっても、そのまま混ぜているのではありません。1450℃という高温で有機物は完全に分解され、別の鉱物相に変化して新しく生まれ変わっているのです（高炉スラグなどの混合材用途を除く）。環境への漏洩にじゅうぶん注意を払えば廃棄される焼却灰も無害化されて再資源化が可能です。

種々の廃棄物・副産物が利用されていますが、代表的なものの化学組成を図2・8に示します。いずれもポルトランドセメントよりもシリカとアルミナに富みます。特にアルミナが問題で、これらを用いるとどうしてもアルミネート相が増加します。従来、アルミネート相が多いセメントは嫌われてきました。アルミネート相を増やすと、流動性が悪くなる、発熱量が多くなる、硫酸塩に対する抵抗性（耐海水性など）が低下する、などの問題が発生するからです。しかし、これらは成分調整をすることでじゅうぶんに抑制可能です。この典型的なものがエコセメント

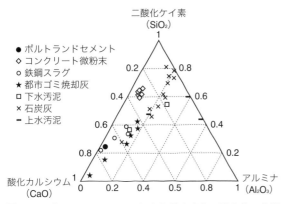

図2・8 ポルトランドセメントと各種廃棄物・副産物の化学組成の比較（出典：大門正機・坂井悦郎編『社会環境マテリアル』技術書院、2009、p.21、図1.3.1に加筆修正）

> **episode ♣ 環境にやさしいセメント事業**
>
> セメント・コンクリートというと、コンクリートジャングルという言葉でマスコミが苛めるように、人工的で冷たく環境に優しくない気がするでしょう。とんでもない！最近では、コンクリート製のマンションにお住みの方には木造一戸建てよりもマンションのほうが快適と仰る方も多いかと思います。それとは別に、セメント製造には多量の廃棄物と副産物を使用しており、セメント産業なしには現在の快適な社会生活を維持できないともいえます。産業廃棄物の最終処分場の寿命は7年少々といわれていますが、セメント産業がなければこの数字は4年に減ってしまうかもしれません。コンクリートはゴミ箱ではないという意見もありますが、科学的に考えて影響のない範囲でより多くの廃棄物利用ができるようにセメントを変化させていくのが本当の技術ではないでしょうか。

です。都市ゴミ6tから発生した焼却灰600kgと石灰石800kgから1tのセメントを製造します。EN197-1:2000なら、立派にCEM I 42.5該当のセメントです。砂漠のようなゴミ捨て場が限りなくありそうな米国ならともかく、国土に余裕がない日本では、このようなセメントを志向していくことが**環境負荷低減**の観点からも重要です。

❖引用文献
1 山田一夫、羽原俊祐、本間健一「セメントの初期水和活性がポリカルボン酸系減水剤の分散能力に及ぼす影響」『コンクリート工学論文集』Vol.11、No.2、2000、p.83〜90
2 CEMBUREAU, *The role of cement in the 2050 low carbon economy*, 2013

演習問題 2-1 セメント中の化合物が水と反応して水和物を生成する反応を何と呼びますか？

演習問題 2-2 セメントと水を練り混ぜておくと、セメントペーストは次第に水和反応によって流動性を失い、一定の圧縮力に耐える硬さになる。この現象を何と呼びますか？

演習問題 2-3 セメントに関する次の記述のうち、正しいものには○、誤っているものには×をつけなさい。
(1) 普通ポルトランドセメントは一般のコンクリート工事やコンクリート二次製品の製造に使用されており、日本国内で使用されるセメントの約70％を占める。
(2) 早強ポルトランドセメントはC_3Sの割合を低下させ、粉末度を低くし強度の発現を早くしている。
(3) 中庸熱ポルトランドセメントや低熱ポルトランドセメントは、水和熱を小さくするためにC_3SやC_2Sの割合を小さくし、その分C_3Aの割合を増加させたセメントである。
(4) 中庸熱ポルトランドセメントは、短期的な強度は普通ポルトランドセメントに比べて大きいが、長期的な強度は小さくなる。
(5) 耐硫酸塩ポルトランドセメントは酸性の土壌、海水、工場排水等に含まれる硫酸塩に対する抵抗性を高めるため、化学抵抗性の低いアルミネート相C_3Aの含まれる割合を低減している。

演習問題 2-4 下の表は、普通ポルトランドセメント、早強ポルトランドセメント、中庸熱ポルトランドセメントの化合物の割合（％）を示したものである。A、B、Cのセメントの種類を選びなさい。

	C_3S	C_2S	C_3A	C_4AF
A	64	11	8	9
B	45	33	3	12
C	52	24	8	8

3章 混和材料

1 混和材料の役割と種類

1 役割

混和材料はコンクリートのいろいろな性能を改善し、品質を向上させ、さまざまな条件に合わせて特定の性能をもたせることを目的として使用されます。

セメント、水、骨材の他に、混和材料という別の材料を加えることにより、例えば少ない水の量でも軟らかくて練りやすい、型枠に流し込みやすいコンクリートをつくることができます。また、コンクリートの用途に応じて、特殊な性能（例えば、膨らませたり、色をつけたり）を発揮させるような場合にも混和材料を使用します。

2 種類

混和材料についてわが国では、「セメント、水、骨材以外の材料で、コンクリートなどに特別の性質を与えるために、打込みをおこなう前までに必要に応じて加える材料（JIS A 0203（コンクリート用語））」と定められています。

以下に、JIS として制定されている混和材料の関連規格を示します。

JIS A 6201（コンクリート用フライアッシュ）
JIS A 6202（コンクリート用膨張材）
JIS A 6204（コンクリート用化学混和剤）
JIS A 6205（鉄筋コンクリート用防錆剤）
JIS A 6206（コンクリート用高炉スラグ微粉末）
JIS A 6207（コンクリート用シリカフューム）

混和材料には、コンクリートに付加する目的あるいは期待する効果の違いによって、いろいろなものがあります。そして、混和材料は少量を添加しただけでも効果を発揮する**混和剤**と、ある程度多量に添加しないと効果を発揮しない**混和材**に区分されています。この区分には明確な境界があるわけではありませんが、JIS A 0203（コンクリート用語）では、

混和剤　　　混和材

図 3・1　混和剤と混和材

表 3・1　混和剤と混和材の比較

項目	混和剤	混和材
一般的な形態	液体	微粉末
無機系、有機系の別	有機系のものが多い	無機系のものが多い
使用量	少量	多量
使用方法	一般的にはセメント質量に対して何％というように少量外割りで用いる（練り混ぜ水の一部に置換）	一般的にはセメント質量の内割りで用いる（セメントの一部に置換）

解説 ♠ 高炉スラグ微粉末とフライアッシュ

建設に使用されるセメントにはポルトランドセメントに加え、強度発現に役立つ混和材料もあります。

日本では高炉スラグ微粉末とフライアッシュがあります。高炉で鉄鉱石を還元して鉄を得るとき、不純物除去のために石灰石が添加され、鉄鉱石中の不純物が Ca と一緒に溶け出したものが高炉スラグ、溶融状態のスラグを水により急冷したものが高炉水砕スラグです。急冷により砂状のガラスになります。この高炉水砕スラグを乾燥・粉砕したものが高炉スラグ微粉末です。

フライアッシュは石炭火力発電所から排出されます。発電用ボイラーは微粉砕した石炭を燃焼し運転されますが、石炭に含まれるシリカ分などはボイラー中で溶融状態となり $10\mu m$ オーダー程度のガラスを含む球状粒子となります。これを分離回収したものがフライアッシュです。

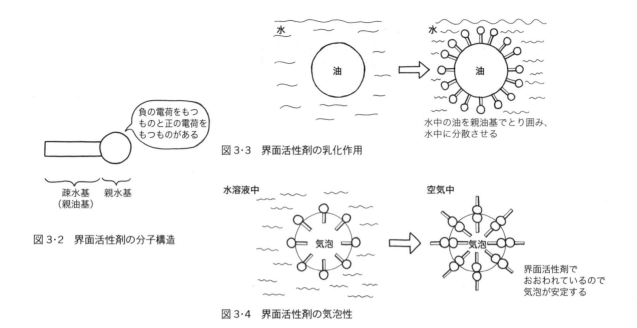

図 3・2　界面活性剤の分子構造

図 3・3　界面活性剤の乳化作用

図 3・4　界面活性剤の気泡性

「混和材料のなかで、使用量が少なく、それ自体の容積がコンクリートなどの練上り容積に算入されないもの」を混和剤とし、「混和材料のなかで、使用量が比較的多く、それ自体の容積がコンクリートなどの練上がり容積に算入されるもの」を混和材と定義しています（図3・1）。 表3・1に混和剤と混和材を比較したものを示します。

2 コンクリートと混和剤

混和剤の発展により、コンクリートの強度は高くなり、耐久性も増しています。ここでは、混和剤の種類とその効果について紹介します。混和剤は、少量で効果を発揮する場合が多く、そのほとんどは**界面活性剤**で、水に溶けやすい"親水基"と水に溶けにくく油に溶けやすい"疎水基（親油基）"が含まれています（図3・2）。界面活性剤の主な働きとして、空気連行性、湿潤性、分散性および乳化性があります（図3・3）。

1 使う水を減らす

コンクリートは、流動性を確保しながら水の量を少なくすることで強度が高くなり耐久性などの性能が向上します。ここでは、この単位水量を減らすために使う混和剤を紹介します。

① AE 剤

AE 剤（air entraining admixture）はコンクリートのなかに、たくさんの細かい空気の泡をまんべんなく入れるために使う混和剤です。コンクリートのなかに細かい気泡をたくさん入れること（**空気連行性**といいます）で、コンクリートの施工作業性（ワーカビリティ、p.30 参照）を良くしたり、耐凍害性を向上させたりすることができます。

界面活性剤の1つである石けん水を例に、その作用メカニズムを説明します。石けん水にストローで空気を吹き込むと、泡がたくさんできる経験をしたことがあると思います。コンクリートの場合は、ミキサーを使ってコンクリートを練る時に、界面活性剤の一種であるAE 剤により、空気を混入します（図3・4）。空気の周りに界面活性剤があることで、気泡が安定します。

このようにして取り込まれた細かい空気の泡が、コンクリート中のセメント粒子や細骨材粒子の間に入り込むことで、相互間のクッション作用、すなわ

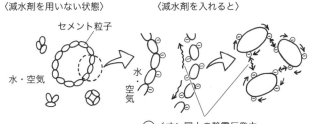

図 3・5　静電反発力によるセメント粒子の分散作用

高性能減水剤	高性能 AE 減水剤
ポリカルボン酸系 メラミン系 リグニン系 ナフタリン系、など	ポリカルボン酸系 （現在の主流） ナフタリン系 メラミン系 アミノスルホン酸系

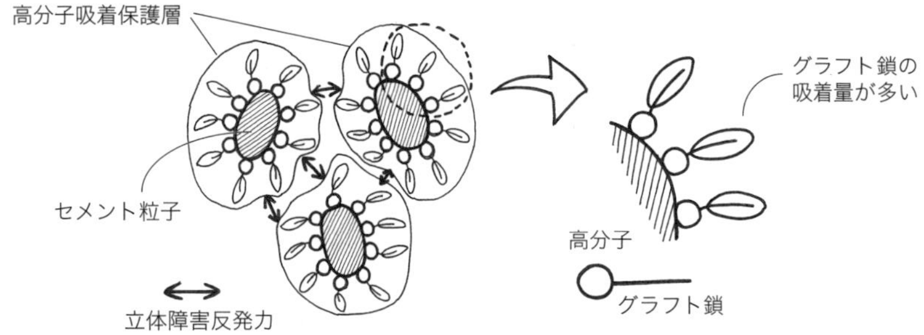

表 3・2　減水剤の種類

図 3・6　立体障害反発力によるセメント粒子の分散作用

ち**ボールベアリング効果**を発揮し、ワーカビリティが良くなります。また、硬化したコンクリートでは、この細かい空気の泡が凍結する寸前の水分を取り込むことで膨張を抑えることができ、寒冷地でのコンクリートの**耐凍害性**を向上させます。

②減水剤とAE減水剤

減水剤は、施工に必要なスランプ（p.30 参照）を得るための水量を減らす目的で使う混和剤です。AE減水剤は、AE剤の機能と減水剤の機能を兼ね備えたものです。減水剤やAE減水剤を使って、フレッシュコンクリート（p.30 参照）や硬化コンクリートの諸性質を改善できます。

減水剤、AE減水剤もAE剤と同じく界面活性剤です。AE剤に比べ、強い界面活性作用をもち、陰イオン界面活性剤と非イオン界面活性剤に分けられます。

では、どうやって練混ぜに必要な水の量を減らすことができるのでしょうか？　図 3・5 に界面活性剤の**静電反発力**によるセメント粒子の分散作用を示します。減水剤を用いない場合、セメントは水と水和反応してセメント凝集体をつくります。このなかには、水や空気も取り込まれています。減水剤を添加することで、減水剤成分がセメントの周りに吸着してセメント粒子を負に帯電させます。セメント粒子表面が負に帯電することで、セメント粒子同士に**静電反発作用**が起こり、粒子の凝集が抑えられ、**分散作用**が働きます。また、セメント粒子間に水分子を滑り込ませることで流動性が向上し、コンクリートのワーカビリティが良くなります。

③高性能減水剤と高性能AE減水剤

高性能減水剤は、減水剤より高い減水性能をもつ混和剤で、高強度コンクリートや振動機なしで型枠の隅々まで充填できるコンクリート（**自己充填コンクリート**）に使われています。

高性能AE減水剤は、高性能減水剤の機能に加えて高い空気連行性をもち、良好なスランプ保持性能をもつ混和剤です。コンクリートの高品質化のためには欠かせません（表 3・2）。

ナフタリン系やメラミン系では、静電反発作用によってセメント粒子が分散され、減水効果を発揮します。一方、ポリカルボン酸系では、**立体障害反発力**でセメント粒子を分散します（図 3・6）。他の主成分からなる高性能AE減水剤に比べて、ポリカルボ

ン酸系のものは少量でセメントの分散作用、すなわち減水効果を発揮します。

2　固まるまでの時間を調整する

コンクリートは一般的に、塩分を添加すると早く硬化し、糖分を添加すると硬化が遅くなります。ここでは、このような特徴を利用した混和剤について紹介します。

①促進剤

促進剤は、セメントの水和開始やコンクリートが硬化するまでの時間を短くするために用いる混和剤です。

かつては代表的なものに塩化カルシウム（$CaCl_2$）がありましたが、塩化物イオン（Cl^-）が鉄筋コンクリート中で鉄筋の腐食を促進するため、現在では無塩化型の促進剤が使われています。無塩化型促進剤の成分には、無機系の亜硝酸塩、硝酸塩などと、有機系のアミン類や有機酸のカルシウム塩などがあります。

促進剤を使うことで、コンクリートの養生期間や型枠を外すまでの期間を短縮し、構造物の建設工期を短縮できるので工場製品の製造効率を上げることができます。また、寒冷期には、コンクリートの水和反応を促し、凝結・硬化時間を適切に調節するとともに初期材齢における強度を増進することができます。

②遅延剤と超遅延剤

遅延剤は、セメントの水和反応を遅らせることで、

表3・3　遅延剤の種類

遅延剤	超遅延剤
無機系：減水作用を有さない 　ケイフッ化物 　ホウ酸類、など	グルコン酸ソーダ （最も多く用いられている）
有機系：糖類以外は少量でも遅延効果が大きく、減水性能も有する 　グルコン酸 　クエン酸 　リグニンスルホン酸塩 　糖類誘導体、など	オキシカルボン酸塩 リグニンスルホン酸塩 ポリオール複合体、など

episode ♣ コンクリートに草が生える？

コンクリートがあると、そこにはもう草も木も生えなくて自然がなくなってしまう…そんなイメージをもっていませんか？

最近では、地球規模での環境問題が話題になっていますが、コンクリートの分野でも環境問題の解決に取り組まれています。

その1つに、緑化コンクリートというものがあります。これは、ポーラスコンクリートと呼ばれる、少量の細骨材と粗骨材、もしくは細骨材を使わずに粗骨材だけをセメントペーストでくっつけてつくった隙間だらけのコンクリートを使った技術です。

ポーラスコンクリートをつくる時には、ペーストの水セメント比を低くするために高性能AE減水剤を使います。また、ペーストの流動性を適切に保ち、コンクリートのpHを低くするために、シリカフュームやフライアッシュなどの混和材も使います。

ポーラスコンクリートの隙間は、表面から内部までつながっているので、空気、植物の根、植物の生長に必要な水や養分を通すことができます。植物だけでなく、小さい昆虫や、水辺で使う時には魚なども、ポーラスコンクリートを棲みかとして使えます。

例えば、河川の護岸を建設する時、コンクリートで固めてしまうのではなく、ポーラスコンクリートを使うことで、その隙間に草が生え、虫などの小動物が住むことができます。また、海では魚の産卵のための漁礁としても使われています。

このようにポーラスコンクリートは、生態系を維持しながら、私たちの生活を豊かにするための開発を進めることができるコンクリートとして注目されています。

葦の生えたポーラスコンクリート

凝結にかかる時間を長くするために使う混和剤で、遅延剤より凝結時間が長いものを超遅延剤と呼んでいます（表3・3）。

遅延剤や超遅延剤を使って、コンクリートの打重ね時間間隔を延長したり、打継ぎ箇所でのコールドジョイントの発生を抑制したりできます。また、レディーミクストコンクリートプラントでは、一般にみられるミキサー車（アジテータ車）内部やプラントに戻ってきたコンクリートに添加することで、翌日までそのままの状態で保存し再利用する方法もあります。

3 たくさんの空気泡を入れる

①起泡剤と発泡剤

起泡剤および発泡剤は、コンクリートのなかに多量の気泡を入れることで、コンクリートの軽量化や断熱性を向上するために使う混和剤です。

起泡剤は、合成界面活性剤系、樹脂石けん系、加水分解タンパク系の界面活性剤に分類できます。AE剤に比べ、多量の気泡をコンクリート中に導入でき、この気泡をセメントの凝結終了まで安定に保つことができます。これらのコンクリートは、**気泡コンクリート**と呼ばれており、そのほとんどは、**オートクレーブ養生**注1して製造されるALC（autoclaved light weight concrete）**パネル**として、主に建築資材として使われています。また、発泡剤にはアルミニウム粉末が主に使われています。

気泡コンクリートは、**ポストフォーム方式**、**ミックスフォーム方式**、**プレフォーム方式**の3つの製造方法があります。ポストフォーム方式は、化学反応によってガスを発生させることで打ち込み後に気泡を発生させる方法です。ミックスフォーム方式はコンクリートの練混ぜの過程で気泡を発生させる方法で、プレフォーム方式は発泡器であらかじめ製造した気泡をコンクリートに練混ぜる方法です。

ミックスフォームコンクリートおよびプレフォームコンクリートには起泡剤を、ポストフォームコンクリートには発泡剤を使います。

4 流動性を調整する

①流動化剤

流動化剤は、あらかじめ練り混ぜたコンクリート（ベースコンクリート）に添加することで、一時的に流動性を増大させ、スランプを大きくする混和剤です。標準形と、凝結を遅らせる遅延形の2種類があります。添加方法には、レディーミクストコンクリートプラントで添加する方法と現場で添加する方法があります。

高層コンクリート構造物に用いられる低水セメント比の硬練りコンクリートであっても、流動化剤を添加することで、単位水量を増やすことなく流動性を確保し、施工性を改善することができます。

②増粘剤

増粘剤は、セメントペーストもしくはセメントモルタルの粘性を高めることで、骨材とモルタルの**分離抵抗性**を高める混和剤です。

---

episode ♣ コンクリートが水に浮く？

コンクリートって水に浮くと思いますか？ あんな重い塊が浮くわけなんかないと思うかもしれませんが、浮くコンクリートもあるんです。

その1つが、気泡コンクリートです。気泡コンクリートの内部には、独立した細かい気泡がたくさんあり、この気泡が浮きの役目をするため、水に浮くコンクリートができます。

他にも、コンクリートでつくられた船や、コンクリートでカヌーをつくって競漕をする大会もあります。

コンクリート製のカヌー

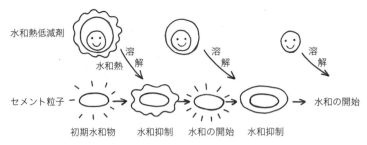

図3・7 水和熱低減剤の作用メカニズム

　増粘剤の主成分には、セルロース系、アクリル系などがあり、近年では界面活性剤系のものも開発されています。増粘剤の用途としては、工場での押出成形コンクリート板の製造、吹付けコンクリート、水中不分離性コンクリート、高流動コンクリートなどがあります。

5 その他の混和剤

①防凍剤と耐寒促進剤

　気温が氷点下にまで下がる極寒期にコンクリートを打設する時に、コンクリート中の練混ぜ水の凍結防止（防凍剤）、セメントの水和反応の維持と促進（耐寒促進剤）を目的に使う混和剤です。

　防凍剤には、氷点を下げることでコンクリート中の練混ぜ水の凍結温度を下げる作用があり、耐寒促進剤には、氷点を下げると同時に減水作用をもち、セメントの水和反応を促進する作用があります。

　冬になると路面の凍結防止剤として、塩化ナトリウムを散布したりします。防凍剤、耐寒促進剤にも、塩化カルシウムや塩化ナトリウムが含まれているものもありますが、鉄筋の腐食を促進し、長期的な強度が低下するなどといった理由から、ほとんどの場合で無塩化物型のものが使われています。

②水和熱低減剤

　水和熱低減剤は、セメントの水和反応を遅延させることで水和熱の発生を抑制するために使用する混和剤です（図3・7）。

　コンクリート構造物が大きくなると、コンクリートの硬化の過程で発生するセメントの水和熱も高くなります。水和熱が高くなることで温度応力も大きくなり、温度ひび割れが発生しやすくなります。ひび割れがたくさん発生することで、構造物の耐久性や機能性、美観が低下することになります。

　この水和熱の発生を抑制するためには、①温度上昇量を小さくする、②温度上昇速度を遅くする、③温度降下速度を遅くする、④構造物外側と内側の温

---

episode ♣ 水中でコンクリートは固まるの？

　一般にコンクリートは空気中で打設するのが原則です。しかし、海や河川などの工事で、例えば護岸、防波堤、橋梁の基礎などの工事では水中で打設可能なコンクリート（水中コンクリート）が用いられます。

　水中コンクリートには、粘性に富み、材料分離が少なく、かつ流動性が高いという性質が要求されます。通常のコンクリートでは、固まる前の状態で水に洗われると、セメントペーストや細骨材が流出し、材料が分離してコンクリートとして固まりません。

　最近では、コンクリートに粘りを付与し、水中での材料分離を抑制するための混和剤（水中不分離性混和剤）を用いることによって、水の洗い出し作用に対して分離抵抗性をもつコンクリートが使用されています。

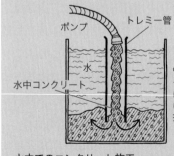

水中でのコンクリート施工

トレミー管とよばれる管の先端が、常にコンクリート中にあるようにしながら管を引き上げ、水面に達するまで打ち込む

表 3・4　フライアッシュの品質規格

種類 項目		フライアッシュ Ⅰ種	フライアッシュ Ⅱ種	フライアッシュ Ⅲ種	フライアッシュ Ⅳ種
二酸化けい素（％）		45.0 以上			
湿分（％）		1.0 以下			
強熱減量[*1]（％）		3.0 以下	5.0 以下	8.0 以下	5.0 以下
密度（g/cm^3）		1.95 以上			
粉末度[*2]	45μm ふるい残分 （網ふるい方法）[*3]	10 以下	40 以下	40 以下	70 以下
	比表面積（cm^2/g）	5000 以上	2500 以上	2500 以上	1500 以上
フロー値比（％）		105 以上	95 以上	85 以上	75 以上
活性度指数（％）	材齢 28 日	90 以上	80 以上	80 以上	60 以上
	材齢 91 日	100 以上	90 以上	90 以上	70 以上

*1：強熱減量に代えて、未燃炭素含有率の測定を JIS M 8819 又は JIS R 1603 に規定する方法で行い、その結果に対し強熱減量の規定値を適用してもよい
*2：粉末度は、網ふるい方法又はブレーン方法による
*3：粉末度を網ふるい方法による場合は、ブレーン方法による比表面積の試験結果を参考値として併記する

（出典：JIS A 6201）

度差を小さくする、⑤外部からの拘束力を小さくするといった対策がとられています。

③防錆剤

防錆剤は、コンクリート中の塩化物イオンによって鉄筋が腐食する（錆びる）のを抑制もしくは防止するために使う混和剤です。

昭和 40 年代以降、川砂に代わって海砂がコンクリート用細骨材として使われるようになったことから、鉄筋の腐食が問題になり、防錆剤が使われるようになりました。防錆剤の主成分としては、亜硝酸カルシウムが多く使われています。

3 コンクリートと混和材

混和材を使用することで、コンクリートはどのように性質が変化するのでしょうか。ここでは、その効果と使用目的に分類して、一般によく使用されている混和材を紹介します。

1 品質を改善する

①フライアッシュ

フライアッシュは、石炭火力発電所などで微粉炭を燃焼した時に、溶融した灰が冷却されてガラス質の球状になったものを電気集塵機で捕集した副産微粉粒子です。フライアッシュは、石炭の種類、燃焼

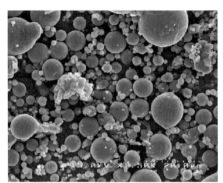

図 3・8　フライアッシュの電子顕微鏡写真

方法、燃焼条件および捕集方法により、品質が大きく変動するため、JIS A 6201（コンクリート用フライアッシュ）に品質が規定されています。その品質を表 3・4 に示します。

市販されているフライアッシュの主な化学成分としては、二酸化けい素（SiO_2）が全体の 50～60％、酸化アルミニウム（Al_2O_3）が 25％程度、その他酸化鉄（Fe_2O_3）や炭素（C）などが少量含まれています。

フライアッシュそのものが水と反応して固まることはありませんが、セメントの水和反応により生成された水酸化カルシウム（$Ca(OH)_2$）と常温で徐々に化合して、水に溶けにくい物質をつくります。このような性質のことを**ポゾラン活性**といいます。

表 3・5　高炉スラグ微粉末の品質規格

品質		高炉スラグ微粉末 3000	高炉スラグ微粉末 4000	高炉スラグ微粉末 6000	高炉スラグ微粉末 8000
密度（g/cm^3）		2.80 以上	2.80 以上	2.80 以上	2.80 以上
比表面積（cm^2/g）		2750 以上 3500 未満	3500 以上 5000 未満	5000 以上 7000 未満	7000 以上 10000 未満
活性度指数（%）	材齢 7 日	—	55 以上	75 以上	95 以上
	材齢 28 日	60 以上	75 以上	95 以上	105 以上
	材齢 91 日	80 以上	95 以上	—	—
フロー値比（%）		95 以上	95 以上	90 以上	85 以上
酸化マグネシウム（%）		10.0 以下	10.0 以下	10.0 以下	10.0 以下
三酸化硫黄（%）		4.0 以下	4.0 以下	4.0 以下	4.0 以下
強熱減量（%）		3.0 以下	3.0 以下	3.0 以下	3.0 以下
塩化物イオン（%）		0.02 以下	0.02 以下	0.02 以下	0.02 以下

（出典：JIS A 6206）

　フライアッシュの粒子は、顕微鏡で確認すると図3・8のように表面が滑らかな球状となっています。そのため、コンクリート中ではボールベアリングのような作用をして、ワーカビリティ（施工作業性）が改善されると同時に、所要のコンシステンシー（変形や流動性に対する抵抗性、p.30 参照）を得るために必要な単位水量を少なくすることができます。また、じゅうぶんな湿潤養生をおこなえば、ポゾラン反応生成物により、長期にわたって強度が増大し、水密性も改善されます。

　しかし、湿潤養生がじゅうぶんでない場合には、初期強度が低下したり、中性化深さが大きくなったり、凍害による表面劣化を招きやすくなるため、注意が必要です。

　その他、セメントと水が反応する際に発生する熱（水和熱）の抑制、化学的な作用や海水に対する抵抗性、アルカリ骨材反応[注2]の抑制などの特性があります。

②**高炉スラグ微粉末**

　高炉スラグ微粉末は、製鉄所において溶融した鉄から分離して浮かぶかす（スラグ）を急激に冷やし、細かく微粉砕したものです。急冷することにより、スラグは結晶化することなくガラス質で反応しやすい状態となっています。従来、セメントの混合材として用いられていましたが、これを用いたところコンクリートの品質改善効果があることから、フライアッシュと同様にコンクリート用混和材としての利用が注目されています。

　高炉スラグ微粉末の品質規格としては、JIS A 6206（コンクリート用高炉スラグ微粉末）が制定されています。この規格の特徴は、比表面積[注3]の大きさを指標として 4 種類のグレードの高炉スラグ微粉末が設定されていることです。

　コンクリートの初期強度の改善や高流動化と関連して比表面積の大きい高炉スラグ微粉末が要望され、従来から高炉セメント（2 章「セメント」参照）に用いられてきた比表面積 4000 cm^2/g 程度の高炉スラグ微粉末 4000 に加えて、より比表面積の大きい 6000、8000 が規格されています。一方、比表面積を小さくすると、反応が遅延するため水和熱抑制効果が期待できることから、2013 年に比表面積の小さい高炉スラグ微粉末 3000 が新設されました。表 3・5 にその品質規格を示します。

　高炉スラグ微粉末は長時間水分に接触すると自然に固まります。さらに、周囲がアルカリ性であると、その刺激によって硬化が著しく促進されます。このような性質を**潜在水硬性**といいます。

　高炉スラグ微粉末はセメントの一部と置換して用

いられます。そのコンクリートの特性としては、耐海水性や耐薬品性の向上、水和熱の低下、アルカリ骨材反応に対する抑制効果などが挙げられます。

一方で、強度発現性を向上させるために、高炉スラグ微粉末の比表面積を大きくしたり、適当なアルカリ刺激材の開発が考えられています。特に、高炉スラグ微粉末の置換率や比表面積が増大するほど、コンクリートの流動性が改善され、じゅうぶんな湿潤養生をおこなえば、セメントペースト部分が密実になり、長期強度は増大します[文献1]。

③シリカフューム

シリカフュームは、フェロシリコンや金属シリコンを製造する際に発生する廃ガスを集塵機(しゅうじんき)で回収することによって得られるものです。

シリカフュームは、球形の超微粒子でフライアッシュと同様に、セメントの水和反応によって生成した水酸化カルシウムと化合して、水に溶けにくい物質をつくります。主成分は二酸化けい素（SiO_2）で、平均粒径が$0.1\mu m$程度、比表面積が20万cm^2/g程度の超微粒子で、たばこの煙粒子よりも細かい粉末です。

シリカフュームをセメントの$10\sim20\%$程度置換すると、粒子がひじょうに細かいために緻密なコンクリートが得られ、その結果として強度、水密性、化学抵抗性の高いコンクリートをつくることができます。また、前述の高性能AE減水剤と併用することにより流動性が改善され、しかもブリーディングや材料分離（p.30参照）の小さいコンクリートが得られます。これは、シリカフュームがセメント粒子の間に充填されるためで、**マイクロフィラー効果**と呼ばれています（図3・9）[文献2]。マイクロフィラー効果により、流動性に寄与しない空隙中の水量を減少させること、またボールベアリング作用によりセメント粒子間の摩擦抵抗を減らすことなどによるものと考えられています。

その他、フライアッシュや高炉スラグ微粉末と同様にアルカリ骨材反応の抑制効果も期待できます[文献3]。

2 膨張を起こさせる

コンクリートは乾燥すると収縮する性質があります。コンクリートは引張強度が小さいため、乾燥収縮が鉄筋その他で拘束されて引張応力が生じるとひび割れを発生することがあります。このひび割れを低減させるために、コンクリートを膨張させ、収縮

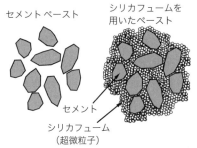

図3・9　マイクロフィラー効果

---

episode ♣ コンクリートの高強度化

構造物の高層化や長スパン化、部材断面の縮小化を実現するために、コンクリートの高強度化が進んでいます。高強度のコンクリートをつくるには、セメントに対する水の量をできるだけ少なくすることで、緻密で強固にする必要があります。

しかし、水の量を少なくすると、コンクリートに必要な流動性が損なわれます。水の量を抑えつつ、流動性を確保するため、高性能AE減水剤やシリカフュームなどの混和材料を組み合わせる方法が実用化されています。

今日では、技術の進歩により一般のものの$5\sim6$倍も強い高強度なコンクリート（$200N/mm^2$以上）がつくれるようになりました。今後も、さらなる高強度化に向けた技術開発が進められるものと予想されます。

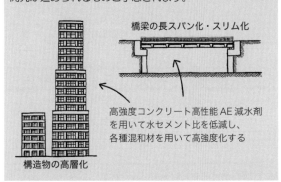

量を小さく抑えることを目的として**膨張材**という混和材を添加します。

膨張材としてよく用いられるのは、生石灰と石膏などを調合焼成したものです。これをセメントと水などと練り混ぜた時、エトリンガイト（$3CaO \cdot Al_2O_3 \cdot 3CaSO_4 \cdot 32H_2O$）と呼ばれる針状結晶を生成します。その結晶の成長あるいは生成量の増大により、モルタルまたはコンクリートを膨張させることができます。このほかに、生石灰と粘土などを用いて水酸化カルシウムの結晶ができる時の膨張圧を利用したものや、コンクリートに混ぜた鉄の粉が錆びて膨張するという性質を利用したものがあります。

膨張材を用いたコンクリートは、その特性を生かして、ひび割れを嫌う貯水槽・プールや床版・道路舗装などに使用されています。

このように膨張材をコンクリートの混和材として用いる主な使用目的は、乾燥収縮を少なくすることによりひび割れを低減することですが、ほかにもその効果を生かした使用方法があります。その1つが**ケミカルプレストレス**です（図3・10）。これは、膨張しようとするコンクリートを鉄筋が逆に押し返して、結果としてコンクリートに圧縮力が作用するという性質を生かすものです。圧縮力が作用していると鉄筋コンクリートのひび割れを少なくできるなどのメリットがあります。しかし、鉄筋などがない無拘束の状態の時に膨張材の添加量が多すぎると、コンクリートが自由膨張し強度が大幅に低下する場合があ るので、注意が必要となります。

3 着色させる

コンクリートといってイメージするのは何でしょうか？ 一般には、高層ビルや橋梁、河川の護岸ブロックなどが頭に浮かぶことと思います。そのコンクリートの色は無彩色で、単調で無表情なため人工的な印象で受け取られやすいことから、自然破壊の象徴にされることもあります。このようなコンクリートの負のイメージを払拭するため、コンクリートに**着色材**を加えて「**カラーコンクリート**」にすることで、まったく新しい表情を与えることが可能となります。

着色する方法としては、コンクリートの表面を塗装することも可能ですが、コンクリートの質感を損なったり、塗装材の損傷や劣化に対するメンテナンスが必要になります。着色材を混和したカラーコンクリートは、コンクリートの質感を保ちながら耐久性もあります。

一般に、着色材は染料と顔料に大別されます。染料は水や油に溶解するため、コンクリートに使用すると雨水などで溶け出して変色するため、コンクリートの着色材としては適しません。一方の顔料は水や油に溶けない有色の微粒子粉体で、コンクリートの着色材として使用されています。

顔料はその成分から、有機顔料と無機顔料の2種類に分類されます。無機顔料は発色成分が無機物であり、色調や着色力は有機顔料に劣りますが、光やアルカリに対する耐久性は優れています。一方の有機顔料は、有機化合物を主成分としており、色調が鮮明で着色力に優れます。しかし、光やアルカリに対して耐久性の低いものが多く、色あせしやすいという難点があります。コンクリートが使用される環境条件を考えると、コンクリート用の着色材としては、無機顔料が適していると考えられます。

一般にコンクリートに使用される着色材に要求される性質としては、①コンクリートの物性に悪影響

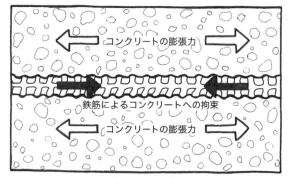

図3・10　ケミカルプレストレスの原理

を与えないこと、②練混ぜ時に分散性に優れること、③耐光性・耐候性が高いこと、④耐アルカリ性が高いこと、⑤粒子が細かいこと、⑥薄めて使うことがほとんどであるため、着色材自体は濃色であること、などが挙げられます。

カラーコンクリートは、すでにインターロッキングブロックやコンクリート平板などの舗装用ブロック、擁壁をはじめとする工場製品などに幅広く使用されています。

最近では、コンクリート橋脚や建築物など、大型構造物への適用例も増えています。

4 その他の混和材

1 石灰石微粉末

石灰石微粉末は、石灰石を微粉砕したもので、その主成分は炭酸カルシウム（$CaCO_3$、カルサイト）です。近年、コンクリートの流動性の改善や水和熱の低減などを目的として、石灰石微粉末がコンクリート用混和材として使用されるようになりました。特に、高流動コンクリートでは、所要の材料分離抵抗性を確保するために多量の粉体が必要になることがあります。石灰石微粉末は化学的に活性度が低いため、粉体量の増大に伴う水和熱の増加を抑制できる利点があります。

一般にコンクリートに石灰石微粉末を混和すると、フレッシュコンクリートの流動性の改善、材料分離抵抗性の改善、水和発熱量の低減、若干の水和促進と強度増加などの効果が期待できます。

石灰石微粉末のコンクリートにおける使用用途は、高流動コンクリートにおける粉体量確保のための使用が大半で、一部細骨材の微粒分を補う時や吹付けコンクリートの粒度調整に使用されています。

2 砕石粉

砕石粉は、砕石・砕砂の製造工程で発生する粉塵を集塵機で回収したものであり、その発生量は砕石・砕砂製造量の1〜2％（年間500〜1000万t）と推計されています。コンクリート用混和材として砕石粉を使用することは、砕石・砕砂の生産に伴い発生する砕石粉の有効利用と環境保全につながり、これらの処理費用の削減にもなります。

砕石粉は、前述のフライアッシュや高炉スラグ微粉末にみられるポゾラン活性や潜在水硬性はありませんが、コンクリートの流動性や材料分離抵抗性の改善および水和熱によるコンクリートの温度上昇を抑制する効果が期待できます。また、ブリーディングの多いコンクリートでは、砕石粉を適切に使用することにより、ブリーディングを減少させ、材料分離の少ないコンクリートを製造することが可能となります。

❖注

1　オートクレーブ養生は、高温・高圧の蒸気釜のなかでおこなう蒸気養生です（JIS A 0203）。コンクリート製品を工場でつくる時、養生時間を短くできるので、製品の早期出荷が可能になります。養生温度は180〜190℃、気圧は10〜11気圧程度で3〜5時間の蒸気養生をおこなうことで、材齢1日で材齢28日とほぼ同じくらいの強度になります。

2　アルカリ骨材反応とは、コンクリートに含まれるアルカリ分がシリカ（二酸化ケイ素）を多く含む骨材と化学反応を起こす現象をいいます。この反応が起きると、骨材表面に新たに膨張性の物質が生成されるため、コンクリートにひび割れが生じ、強度低下などの原因となります。

3　比表面積とは、粉末の細かさの程度を表すもので、1g当たりの全表面積をcm^2/gで表します。比表面積が大きいほど細かいということになります。

❖参考文献

・　笠井芳夫、坂井悦郎『新セメント・コンクリート用混和材料』技術書院、2007
・　社団法人日本コンクリート工学協会『コンクリート技術の要点'08』技報堂、2008
・　社団法人日本材料学会編『コンクリート混和材料ハンドブック』NTS、2004

❖引用文献

1　㈳日本コンクリート工学協会『コンクリート技術の要点'08』技報堂、2008、p.32

2　Bache, H. H., *Densified Cement / Ultra-Fine Particle-Based Materials,* Presented at the Second International Conference on Superplasticizers in Concrete, Ottawa, Canada, June 1981
3　森野奎二、柴田国久、岩月栄治「シリカフューム、高炉スラグ粉末のAAR膨張抑制効果について」『コンクリート工学年次論文報告集』Vol.9、No.1、1987、p.81～86

演習問題3-1　混和材料の定義と役割について説明しなさい。

演習問題3-2　コンクリートにAE剤を添加することによる効果を説明しなさい。

演習問題3-3　次の説明に適切と考えられる混和剤を答えなさい。
(1)寒冷地での施工や型枠の早期脱型のためコンクリートの凝結硬化時間を早め、初期に強度を発現させる混和剤
(2)通常の減水剤より高い減水性能をもち、高い添加率で使用しても凝結遅延や強度に悪影響をもたらさないもので、空気連行性能やスランプ保持性能をもつ混和剤
(3)コンクリートの凝結・硬化時間を遅らせ、施工中に時間が経過してから打ち継ぐ場合に発生するコールドジョイントを低減するのに有効な混和剤

演習問題3-4　混和材料に関する次の記述について正しいものには○、誤っているものには×を記しなさい。
(1)シリカフュームは、シリコン金属およびフェロシリコンを製造する時に発生する球形の超微粒子である。
(2)高炉スラグ微粉末は、銑鉄を製造する過程で高炉から排出される溶融スラグを徐冷・粉砕したもので、ポゾラン活性を有する。
(3)フライアッシュは石炭火力発電所などで微粉炭を燃焼した時に、溶融した灰が冷却されてガラス質の球状になったものを電気集塵機で捕集したものである。
(4)フライアッシュは潜在水硬性をもつ混和材であり、水和熱を減少し、水密性を増大するなどの効果がある。

演習問題3-5　次のような性質をもつコンクリートを計画するとき、どのような混和材料を使用すれば良いか答えなさい。
(1)吊橋のワイヤーを固定するアンカレイジのコンクリート等の80N/mm^{2}以上の高強度と、多くの鉄筋や鉄骨の隙間を埋める流動性が要求される場合
(2)下水処理場の浄化ピットの壁コンクリート等のひび割れから水が漏れ出さないように、施工直後の乾燥によるひび割れの発生をできるだけ防ぎたい場合
(3)ダムの堤体に用いるコンクリート等の部材厚さが非常に大きく、水和熱によるひび割れを抑制したい場合

4章 骨材

1 骨材の役割

1 コンクリート中の骨材量

コンクリートを外から見ると、さまざまな形をした灰色の巨大な塊に見えます。しかし、その中を覗いてみると、実はいろいろな色の材料で構成されています。

実際にコンクリートでできた建物の壁から一部を取り出すと、その断面は図4·1に示すようになっています。灰色の部分と、茶色、白色、黒色などの色鮮やかな石、そして小さく点々とばらまかれた砂です。実に、色鮮やかなことがわかります。灰色の部分は、2章で学んだ「セメントペースト」です。そして、色鮮やかな石や砂が本章で学ぶ「骨材」です。

もう1度、図4·1を見てみましょう。コンクリートの中に骨材はどれくらい入っているのでしょうか。いつもは灰色としか思えないコンクリートですが、意外と骨材が多いことに気づきますか？ 骨材は、コンクリート全体積の70～80%を占めており、その名のとおり、コンクリート中で骨格となっています。では、いったいコンクリートの中で骨材はどのような役割をしているのでしょうか？

2 フレッシュコンクリートでの骨材の動き

コンクリートは、はじめ液体のように柔らかい状態（フレッシュ状態）であり、固まっていません。コンクリートは、固まるまでの間に、図4·2のように「型枠」と呼ばれる板によって仕切られた箱のなかに流し込まれます。

コンクリートでは、骨材がひしめき合っています。コンクリートが流れる時、図4·3のように、骨材はセメントペーストを潤滑剤として、隣の骨材とぶつかりながら転がっていきます。大きな粒子（粗骨材）ばかりがあると、互いにぶつかり合ってうまく進みません。そこに小さな粒子（細骨材）があると、ちょうどベアリングの役割を果たして、転がりやすくなります。そうすると、潤滑剤であるセメントペーストの量を減らして、経済的なコンクリートをつくることができます。そのため、骨材には小さな粒子から大きな粒子までいろいろな大きさの粒が必要なのです。

また、大きな型枠にコンクリートを流し込む際には、長いホースを使い、ポンプで後ろから押し出して流し込みます。これを「**ポンプ圧送**」といいます。図4·4のようにポンプ圧送では、コンクリートに圧力を加えることになります。圧力をかけられたコン

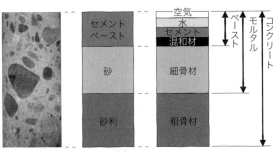

図4·1　コンクリートの内部

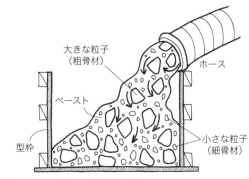

図4·2　コンクリートを流し込む

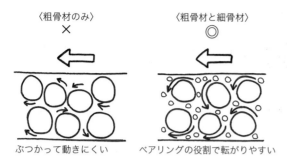

図4・3 流動するコンクリート内部の様子

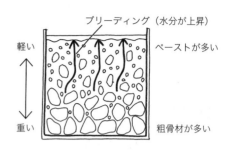

図4・5 コンクリートの材料分離

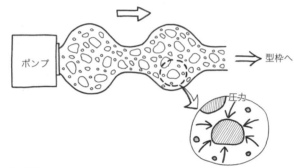

図4・4 ポンプによる圧送と骨材の動き

クリートの内部では、骨材中にセメントペーストが押し込まれる現象が起こります。その結果、コンクリートが固くなり、流し込みにくくなります。骨材に空隙が多いほど、このような現象が顕著になることから、注意が必要になります。

では、流し込まれたコンクリートは、どのような状態なのでしょうか？　もう1度図4・1を見てみましょう。うまく混ぜられたコンクリートは、図4・1の断面写真のように骨材がばらばらに分かれています。これを「均質に分散」しているといいます。硬化後のコンクリートがじゅうぶんな力を発揮するためには、この状態が理想です。もし、骨材が偏ってしまったら、うまく力を発揮できなくなってしまうのです。図4・5のように偏った状態を**「材料分離」**と呼びます。この要因の1つに、セメントペーストと骨材との密度の差があります。一般的に、セメントペーストの密度に比べ、骨材の密度が大きいため、骨材が沈んでしまうのです。これを防ぐためには、セメントペーストの「粘性」（ねばる性質）を高くす

ることが必要です。

このように、外からは見えませんが、フレッシュ状態のコンクリートのなかで、骨材はさまざまな動きをしているのです。

3 硬化したコンクリート中の骨材の役割

柔らかかったセメントペーストも、水和反応によって「硬化」（硬くなること）します。コンクリートは人工的な岩石です。柱や橋、舗装などに利用されているのを思い浮かべる人も多いでしょう。すなわち、コンクリートにはものを支える強さ、たわむことのない固さ、そして車の走行などの摩耗に対する強さが必要になります。さらに、どのくらいの期間その強さを維持できるのかが重要です。これを「耐久性」と呼びます。では、硬化したコンクリートの中で、骨材はどんな働きをしているのでしょう。

骨材は、先ほども述べたように、コンクリートの70～80％もの体積を占めています。そのため、コンクリートの強さや変形抵抗性（弾性係数）、さらには耐久性に対して骨材が果たす役割が大きいことは

図4・6 内側でコンクリートを支えている骨材

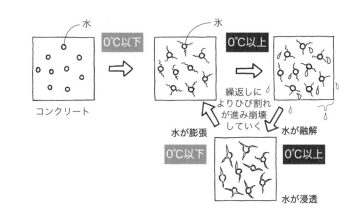
図4・7 コンクリートへの気温の影響

容易に想像できるでしょう。骨材はその名のとおり、図4・6のようにコンクリートを内側から支えているのです。すなわち、骨材にも強さ、固さ（変形しにくさ）、硬さ（すりへりにくさ）が求められるのです。

例えば乾燥収縮、すりへり抵抗性、およびアルカリシリカ反応（ASR）に対しては、次のような骨材が必要となります。

乾燥収縮とは、コンクリートが乾燥により縮んでしまう現象です。この時、コンクリート中の骨材は、縮もうとするセメントペーストを支える役割をしています。やわらかい骨材を使用すると、コンクリートも変形しやすくなり、収縮量が大きくなります。

舗装や水路のコンクリートでは、車や水が一定の速度で通過を繰り返すことから、力は小さいものの、すりへりを起こします。セメントペーストはすりへりに対する抵抗性が小さいため、すりへりが進まないようにするためには、骨材のすりへりに対する抵抗性が重要となります。

東北地方や北陸地方など、冬に気温が0度以下に下がる地域では、コンクリート自体が凍結することがあります。特に、1日の気温変化によりコンクリートの「凍結」と「融解」（氷が解けること）が繰り返された場合、骨材に空隙が多く存在し、そこに水を含んでいると、この水が氷になる時に体積が10%ほど増加するため、骨材自体が崩壊します。これにより、コンクリートの崩壊が早まってしまうことになります（図4・7）。

多くの骨材は安定した結晶鉱物でできています。しかし、一部の結晶鉱物は、強いアルカリ環境で化学反応を起こし、その反応物が水を吸うと体積が膨張します。このような反応の1つがアルカリシリカ反応で、コンクリートを内側から破壊してしまいます。そのため、このような鉱物をできるだけ含まないように、骨材を選択する必要があります。

このように、骨材は、建設当時の強度や変形抵抗性などだけではなく、その後の劣化に対する抵抗性にも大きな影響を及ぼしているのです。そのため、どのような骨材を使うのかが、コンクリートの性質を決めるうえでとても重要になります。

2 骨材の性質

1 骨材の大きさとその役割

骨材の粒子はさまざまな形と大きさをしています。どの大きさの粒子が、どのくらいの割合含まれているかということを、**粒度**と呼びます。

コンクリート中の骨材の粒度をグラフにした例が、図4・8になります。破線で囲まれた範囲は、土木学会で定められているコンクリートで標準的に使用さ

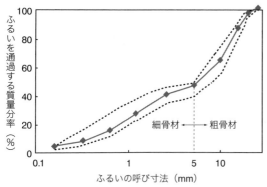

図4・8 骨材全体の粒度曲線の例（破線は土木学会で定められた標準粒度範囲）

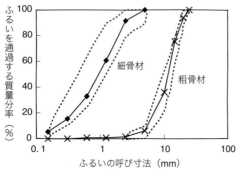

図4・9 細・粗骨材の粒度曲線の例（破線は土木学会で定められた標準粒度範囲）

ふるいの呼び寸法 (mm)	ふるいにとどまる質量分率 (%)
25	0
○ 20	6
15	25
○ 10	64
○ 5	94
○ 2.5	99
○ 1.2	100
○ 0.6	100
○ 0.3	100
○ 0.15	100

$(6.4+64.2+94.0+98.7+100+100+100+100) \div 100$
≒ **6.63** ←粗粒率　この数字は小さいふるいの呼び寸法から6番目（5mm）と7番目（10mm）の間で、7番目に近い数値に平均粒径があることを示している

図4・10 粗粒率の計算例

れる粒度範囲です。粒径が2.5〜5mmのところで傾きが異なっています。5mm網ふるいに質量で85%以上留まる粒子を「**粗骨材**」、10mm網ふるいを全部通り、5mm網ふるいを質量で85%以上通る粒子を「**細骨材**」と呼びます。これらが良好に混合されていれば、コンクリートのなかで粗骨材が転がる際に、細骨材がベアリングの役割を果たしてくれるのです。

コンクリート中に占める骨材全体の体積「a」に対する細骨材の体積「s」の割合を「**細骨材率**」と呼び、「s/a」という記号で表します。一般的に、細骨材率は、40〜50%の間に設定します。

骨材の粒度は、どのように調べるのでしょう。骨材の粒度はJIS A 1102に規定されており、JIS A 8801に規定されている試験用ふるいを使用してふるいにとどまる量を調べます。ふるい分けられた結果は、図4・9のような粒度曲線で表されます。

また、粒度を簡易的に管理するため、「**粗粒率**」（F.M.）と呼ばれる数値で表現します。粗粒率は、ふるいの呼び寸法が80、40、20、10、5、2.5、1.2、0.6、0.3および0.15mmの各ふるいにとどまる質量分率を合計し、それを100で割って求めます（図4・10）。

また、粗骨材の粒度のうち、質量の90%以上が通過する最小のふるいの寸法を最大寸法と呼びます。例えば、鉄筋が並ぶ間隔が最大寸法より小さい場合、コンクリート中の粗骨材が鉄筋の間を通り抜けることはできません。

2 骨材は水を吸う

骨材は、天然の鉱物なので、すきまなく結晶物が詰まっているように思われがちです。しかし、実際の骨材には、細孔と呼ばれる1 μm（= 1/1000 mm）以下の細かい穴があいています。そのため、骨材は水を吸収します。吸収した水量を乾燥時の骨材の質量で割った百分率を「**含水率**」といいます。

骨材の含水状態を図で表すと、図4・11のようになります。105℃の炉で完全に乾燥させた状態を「**絶対乾燥状態**」、略して「**絶乾状態**」と呼びます。この状態では骨材のなかにまったく水が入っていません。自然の状態で放置すると、空気中の水蒸気を少し吸収します。この状態を「**空気中乾燥状態**」、略し

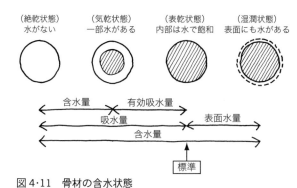

図4·11 骨材の含水状態

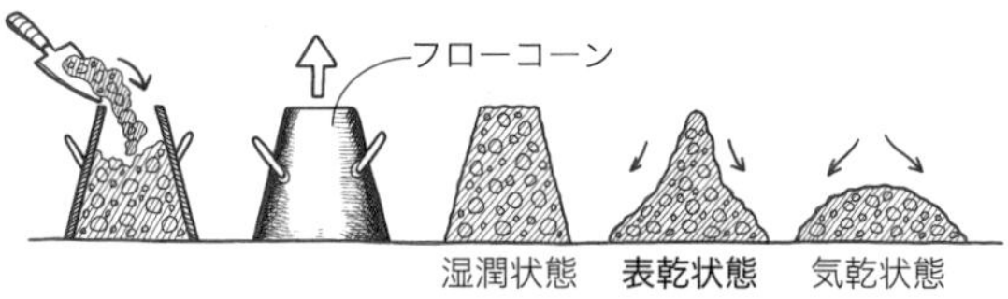

表4·1 砂・砂利の品質

項目	砂利	砂	適用試験箇条
絶乾密度（g/cm³）	2.5以上	2.5以上	JIS A 1109
吸水率（％）	3.0以下	3.5以下	JIS A 1110
粘土塊量（％）	0.25以下	1.0以下	JIS A 1137
微粒分量（％）	1.0以下	3.0以下	JIS A 1163
有機不純物	—	標準色液又は色見本の色より淡い	JIS A 1105
塩化物量（NaClとして）（％）	—	0.04以下	JIS A 5002
安定性（％）	12以下	10以下	JIS A 1122
すりへり減量（％）	35以下	—	JIS A 1121

図4·12 表乾状態の判定

て「**気乾状態**」と呼びます。さらに、24時間骨材を水中に置き、骨材内部に水をじゅうぶんに吸わせた後、表面に水分のない状態まで乾燥させた状態を「表面乾燥飽水状態」、略して「**表乾状態**」と呼びます。また、表乾状態で骨材内部にある水量を「**吸水量**」と呼びます。そして、それ以上の含水状態になると、骨材表面も濡れている状態になります。この状態を「**湿潤状態**」と呼び、また表面に付着している水量を「**表面水量**」と呼びます。

絶乾状態の骨材質量に対する表乾状態の吸水量の割合を「**吸水率**」と呼びます。また、表乾状態の骨材質量に対する表面水量の割合を「**表面水率**」と呼びます。コンクリートを製造する時、骨材は表乾状態で用います。それは、骨材がセメントとの混合に必要な水を吸わないようにするためです。

では、表乾状態をどのように判定するのでしょうか？ 粗骨材の場合、24時間水中に浸けた後に、表面の水だけをタオルで拭き取ります。表面のきらきらとした光沢がなくなった状態になります。これを表乾状態としています。細骨材の場合には、表面の光沢を見分けることが難しいため、「フローコーン」と呼ばれる器具を用います（JIS A 1109）。フローコーンに細骨材を軽く詰め、突き棒の質量だけで25回締め固めた直後に、フローコーンをまっすぐ上に引き上げます。その時に図4·12のように崩れた状態で、表乾状態を判定しています。これは、骨材表面が濡れていれば、水の表面張力で骨材どうしが張り付いており、山が崩れないことを利用しています。

含水状態によって、密度も異なります。空隙を含まない石質だけの密度を「**真密度**」と呼びます。しかし、一般的に使う骨材の密度は、骨材中の空隙も含んだ体積で表す密度、いわゆる「**見かけ密度**」で表されます。そのため、空隙の含水状態によって、骨材の密度は異なります。絶乾状態の場合を「**絶乾密度**」、気乾状態の場合を「**気乾密度**」、そして表乾状態の場合を「**表乾密度**」と呼びます（表4·1）。

また、密度にはもう1つ、「**単位容積質量**」というものがあります（JIS A 1104）。これは、図4·13のように1リットルの容器に骨材を詰めた時の質量のことです。「**かさ密度**」とも呼ばれます。粒子が球形に近いほど、また粒度が適切であるほど、単位容積質量は大きくなります（図4·14）。そこで、絶乾状態の骨材を用いて測定した単位容積質量を絶乾密度

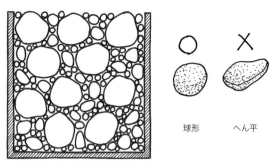

図4・13 単位容積質量試験の例　図4・14 粒形

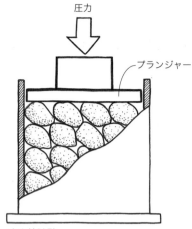

図4・15 破砕値試験

で割った百分率を「**実積率**」と呼び、骨材の形状や粒度を評価する試験値の1つとして利用しています（JIS A 1104）。また、粒径5〜20mm、または1.2〜2.5mmといった狭い粒度範囲の粒子を用いて測定した実積率は「**粒形判定実積率**」と呼ばれ、粒子形状が「どの程度球形に近いか」を判断する目安となります。

3　骨材の強さ

骨材は、もともと山にあった岩石の破片です。岩石は、長い間高い圧力を受けたり、ゆっくりと結晶化したりすることで強くなります。骨材の強さを調べるために、図4・15のような「**破砕値試験**」という試験をします。これは、規定された円筒容器内に骨材を詰めて、上からプランジャーと呼ばれる円盤を介して荷重をかけ、骨材がどの程度の荷重で破壊するのかを調べる試験です。

骨材には、このように支える強さだけでなく、摩擦に対してすりへらない硬さや緻密さも必要です。

舗装や水路に使用するコンクリートでは、骨材のすりへり抵抗性が重要な役割を果たします。その評価は、図4・16に示す「ロサンゼルスすりへり試験機」によりおこなわれます（JIS A 1121）。この試験機では、円筒容器内に鉄球とともに骨材を入れて容器を回転させ、鉄球によって骨材が摩耗する量を計測します。容器内に入れた質量に対して、試験終了後に1.7mm以下に破砕された質量の割合を求め、それを「**すりへり減量**」とします。すりへり減量は、舗装コンクリート用粗骨材で35%以下、ダムコンクリート用粗骨材では40%以下と決められています。

凍結融解では、骨材内部の空隙が多いと、コンクリートの凍結融解（図4・7）と同様に、水の「凍結」による膨張圧と氷の「融解」の繰り返しによって骨材が崩壊します。その結果、コンクリート自体のひび割れを促進することになります。そこで、繰り返しの膨張力に対する抵抗力を試験する必要があります。その方法の1つとして、JIS A 1122「硫酸ナトリウムによる骨材の安定性試験方法」が定められています。

4　骨材の化学的反応

骨材は、もともと陸上にある岩石を起源としています。岩石は、鉱物・結晶学的にはさまざまな鉱物からできています。鉱物のなかには、物理的、化学的に不安定な結晶もあります。表4・2に骨材に含まれていては困る、コンクリートに有害な鉱物の例を示します。

例えば、火山ガラスや微小石英は、図4・17のようにコンクリート中のアルカリ水溶液と化学反応を起こし、アルカリシリケートゲルと呼ばれる反応物質をつくります。このゲルは水分を吸収すると膨張し、コンクリートを内側から壊していきます。このような反応には、アルカリシリカ反応、アルカリ炭酸塩

図4·16 ロサンゼルスすりへり試験機

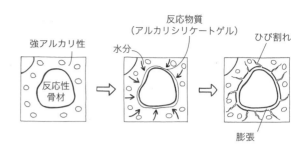

図4·17 アルカリシリカ反応

表4·2 コンクリートに有害な鉱物

有害鉱物	有害鉱物がコンクリートに及ぼす作用
火山ガラス、微小石英など	アルカリ骨材反応を起こす
モンモリロナイト ローモンタイト	乾湿の繰返しによってコンクリートを劣化させる
含鉄ブルーサイト、硫化鉄	酸化、炭酸化、吸湿等により体積膨張を起こす

反応 (ACR)、およびアルカリケイ酸塩反応があります。近年、アルカリ炭酸塩反応がアルカリシリカ反応の1つであるといわれていること、また日本での事例の多くがアルカリシリカ反応であることから、コンクリート標準示方書ではアルカリシリカ反応に着目した対応が示されています。

アルカリシリカ反応を防ぐためには、アルカリ水溶液と化学反応を起こす骨材を使用しない、セメント中の全アルカリ含有量を少なくする、あるいは水分の供給を少なくするといった方法で対処します。

反応性骨材を使用する場合には、反応性骨材を全量使用した場合と比べて、非反応性骨材と特定の混合率で混ぜると膨張率が大きくなるので注意が必要です。これを「**ペシマム現象**」と呼びます。

また、アルカリシリカ反応を起こす可能性のある鉱物が存在するかどうかを判定するために、骨材と反応するアルカリ量を滴定という化学的な方法で計測する JIS A 1145「骨材のアルカリシリカ反応性試験方法（化学法）」、または骨材を用いて作製されたモルタルの膨張量を測定する JIS A 1146「骨材のアルカリシリカ反応性試験方法（モルタルバー法）」が定められています。しかし、ASR は未解明な部分も多く、これらの試験だけでは判断できない場合もあるので、最新の情報を確認しながら対応する必要があります。

もう1つの骨材の化学的反応として、安山岩や火山岩、砂岩などの堆積岩に含まれる粘土鉱物が乾燥と湿潤の繰り返しによって粉々になる現象があります（表4·2）。骨材中にモンモリロナイトやローモン

episode ♣ 結晶はまるで万華鏡

セメントペーストや骨材を研究する際には、物理化学的な分析もおこないます。例えば、偏光顕微鏡で、鉱物結晶がどのように分布しているのかを確認します。偏光顕微鏡でのぞいた世界はまさに万華鏡！　白黒だけでなく、赤、黄、青のさまざまな結晶がまんべんなくちりばめられており、まるで夢のような世界が広がっているのです。

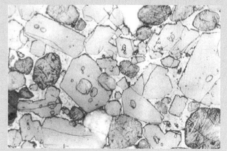

偏光顕微鏡で見たセメントクリンカ（提供：日本コンクリート工学協会）

タイトのような粘土鉱物が20％以上含まれていると、骨材の崩壊とともに、コンクリート表面がはがれ落ちる「ポップアウト」と呼ばれる現象が起こります。

なお、以上のような骨材に含まれる鉱物を判定するためには、「偏光顕微鏡観察」や「X線回折試験」といった手法を用いて鉱物種類と存在形態を特定します。

2 骨材に混ざる不純物

良いコンクリートの条件は、セメントペーストがじゅうぶんに水和反応し、緻密な結晶を生成し、必要な強度や耐久性を保持することです。しかし、骨材は天然物であり、セメントペーストの水和を阻害する不純物も含まれている可能性があります。そのため、自然から骨材を採取する時に、混ざると困る不純物に注意し、取り除く必要があります。代表的な不純物には、微粒子、粘土塊、有機不純物、低密度粒子、塩化物などがあり、一部は表4・1のように含有率の上限が決められています。

微粒子とは粒径75μm（＝0.075mm）以下の粒子のことで、シルトや粘土といったものが含まれます。微粒子や粘土塊を含んでいると、コンクリートに必要な流動性を得るために混ぜる水量が多くなります。そうなると、型枠に流し込んだ後で密度の軽い水がコンクリート表面に浮き上がるブリーディング現象を引き起こします（p.75、図5・8参照）。これにより、表面が脆弱となり、コンクリートのすりへり抵抗性が低くなったり、乾燥による体積変化を起こしたりします。

また、生活排水などには、フミン酸と呼ばれる有機不純物が含まれていることがあります。これらはセメントの水和反応を妨げ、コンクリートの強度が低くなったり、固まらなくなったりします。

骨材中の微粒子には、「低密度粒子」と呼ばれる強度の弱い粒子が含まれる場合があります。そのような粒子があると、それが弱点となり、コンクリートの強度やすりへり抵抗性が減少します。

また、海や河口で採れる砂には、塩分（塩化物）が含まれています。海砂中の塩分がある程度以上の濃度になると鉄筋が腐食し始めることが、経験的に知られています。そこで、塩化物を取り除く（除塩）ため、骨材の洗浄をおこなう必要があります。

3 骨材の種類

これまでに説明してきた、さまざまな品質を満たしたコンクリート用骨材にはたくさんの種類があります。ここでは、それらの骨材の採取、製造方法そして品質について詳しく説明します。

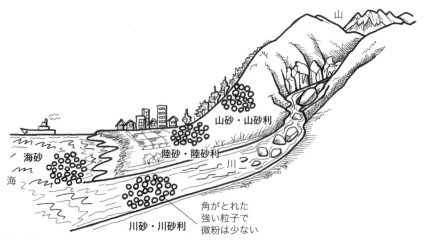

図4・18　骨材は川から海へ

1 骨材採取の歴史

元来、コンクリート用骨材としては、天然に存在する粒子を採取し、使用してきました。骨材の主な採取場所を図4・18に示します。当初、採取していたのは、図4・19に示す川砂、川砂利です。川を下流まで流れてきた砂や砂利は、流れのなかで角が取れ、弱い粒子が破砕されることで、高い強度をもち、球形の粒子となります。さらに、水で洗われることで、余分な微粉末を含んでいません。すなわち、コンクリート用骨材として、理想的な材料です。

しかし、高度成長期（1955年から1973年までの18年間）に、大量の構造物の建設にともない川砂、川砂利の急激な採取がおこなわれたため、河川環境への被害を招きました。そのため、自然保護の観点から採取規制がおこなわれるようになります。そこで、まず川底が隆起してできた山地や陸地から、旧川砂、旧川砂利を採取し始めます。それらを陸砂、陸砂利、山砂および山砂利と呼びます。陸での採取が難しくなると、河口や海にある砂（海砂）を採取していきました。しかし、川砂と同じように、やがて採取規制という形で徐々に採取地が減らされていきます。最近では、中国から川砂を輸入したこともありました。

そして、天然の採取だけでは難しいとの判断から、山地の岩石帯を破砕し、人工的な骨材を製造することとなります。それが砕石、砕砂です。今では代表的な骨材となっています。

また、他産業で捨てられようとしていた廃棄物を利用する試みもあります。代表的な骨材が、高炉スラグ骨材、フェロニッケルスラグ骨材、電気炉酸化スラグ骨材などです。さらに近年では、使われなくなった建物などのコンクリート構造物を破砕して製造した再生骨材も使われるようになりました。骨材も、リサイクルの時代に入っているのです。

2 一般的な天然骨材

採取される場所によって一般的に使用される天然骨材の呼び名が異なります。先ほど述べたような**川砂、川砂利**、陸砂、陸砂利、山砂、山砂利および海砂があります。

陸砂、陸砂利、山砂および山砂利は、もともと川底にあった川砂、川砂利です。川底が地殻変動で陸へと盛り上がったあと、長い時間をかけて風化や堆積により土に覆われ、農地や山地となった土地があります。そこで、土を取り除いて採取します。覆っている土に粘性土を含む微粉分があるため、コンクリートの練混ぜ水量の増加や、ひび割れを起こす可能性があり、注意が必要です。いずれも、乱獲を防ぐために「砂利採取計画認可準則」に詳細な採取規程があります。これらの砂、砂利を採取した後は、農地の復元、跡地の緑化や建設残土の受け入れなどが進められています。

海砂は、河口の周辺海域に堆積している砂です。日本海側では水深200m以浅、太平洋側では水深1000m付近まで分布していますが、技術的な理由から、水深30～60m程度の海砂が採取されています。塩分や海底の微粒分を含んでいることから、除去施設での洗浄が必要となります。また、粒度範囲が狭いため、砕砂やスラグ細骨材などと混合して使用することが多いです。さらに、大きな貝殻が混入すると、コンクリートの強度が低下することがあります。なお、海砂の採取は海底環境を汚染することや海底の地形が変化することから、瀬戸内海ではすでに海

図4・19　川砂

砂の採取規制がなされています。

3 岩石を砕いた骨材

一般的な天然骨材は、すくった状態ですでに利用できる骨材ですが、ここで紹介する骨材は、破砕などひと手間かけて製造される骨材です。山にある巨大な岩石は、骨材としてじゅうぶんな強さをもっています。そこで岩石を砕いて小さな粒子をつくるのです。これを**砕石、砕砂**と呼びます。その例を図4・20に示します。近年では、ただ圧力をかけて破砕するだけでは、角張った骨材となることから、すりもみ処理などもおこない、角を取る場合もあります。

砕石、砕砂は形が角張っていて転がりにくいため、それらを用いたコンクリートは、砂利を用いたコンクリートに比べて、流動性が低くなります。そのため、「単位水量」(コンクリートを1m³製造する時の水の量)が9〜15kg/m³程度増えます。砕砂を用いるとさらに6〜9kg/m³程度増えます。骨材の粒形は粒形判定実積率により判定します。粒形判定実積率は、JIS A 5005「コンクリート用砕石及び砕砂」において砕石ならば56%以上、砕砂ならば54%以上と決められています。

また、砕砂に含まれる微粒分にも注意が必要です。微粒分が適度に含まれていると、材料分離抵抗性が向上します。一方で、微粒分が多く含まれていると、同じ流動性のコンクリートを製造するために、練り混ぜる水量を増やす必要が出てきます。その結果、コンクリートのブリーディングや乾燥による体積変化(乾燥収縮)が増加する可能性があります。

一方で、砕石、砕砂の表面は粗いためセメントペーストとの付着力が大きく、砂利を用いた場合よりも砕石を用いたコンクリートの方が強度は大きくなります。

4 焼いてつくった骨材

人工の骨材は、砕石だけではありません。膨張頁岩を粉砕・造粒後、1000〜1200℃の高温で焼いてつくった図4・21のような細・粗骨材もあります。膨張粘土やフライアッシュも原料となります。これらの骨材は、焼成時のガス発生により、図4・22のように粒子内部に多数の空隙をもっているため、粒子密度が小さいことから、「**人工軽量骨材**」と呼ばれます(JIS A 5002)。天然にも火山れきなどの骨材がありますが、天然軽量骨材と呼ばれて区別されています。

硬化した人工軽量骨材コンクリートの単位容積質量は1.5〜2.0t/m³と普通骨材コンクリート(2.3t/m³

図4・20 砕石

> **episode ♣ 巨人の世界 −採石場−**
>
> 砕石、砕砂を製造している場所を採石場といいます。採石場は、たいてい山のなかにあります。爆破により、階段状に岩石を切り崩していきます。まるで映画を観ているような爆破シーンです。この階段の1段は10m(建物3階分)もあり、タイヤだけで人の背丈ほどある巨大なトラックに、爆破でできた破片を荷台に載せて走っています。まさに巨大ワールド。

採石場 (撮影:麓隆行)

図4・21 人工軽量粗骨材

図4・22 人工軽量粗骨材の断面

表4・3　人工軽量骨材の絶乾密度による区分

区分	絶乾密度（g/cm³）	
	細骨材	粗骨材
L	1.3未満	1.0未満
M	1.3以上 1.8未満	1.0以上 1.5未満
H	1.8以上 2.3未満	1.5以上 2.0未満

程度）よりも軽いのです。そのため、建物の高層階や橋梁の床版などに使用されます。

人工軽量骨材は、粒子内の空隙量によって、絶乾密度が異なります。そのため、密度によって、表4・3のようにL、M、Hの3種類に区分されます。内部に空隙が多いため、製造時に水を多量に吸収させます（プレウェッティング）。しかし、内部に比べ、表面の空隙は小さいため、1度乾燥してしまうと、再び水を吸うことは難しくなります。そのため、表面水のある状態で保持することが重要です。

人工軽量骨材は、普通骨材に比べて粒形が良いため、普通骨材を用いたコンクリートに比べて、コンクリートの流動性は高くなります。ただ、密度の小さい（軽い）人工軽量骨材の場合、浮力で骨材が浮き上がり、材料分離を起こす可能性があります。そのため、セメントペーストの粘性を高くして、骨材を浮き上がらなくするような工夫が必要です。また、ポンプによってフレッシュコンクリートを送り出す際には、コンクリートに圧力を加えることになります。すると、人工軽量骨材の空隙にペーストが圧入されるため、送り出し後のコンクリートの流動性が低くなる場合があるので、注意が必要です。

人工軽量骨材の粒子は軽く、中身が詰まっていないため、普通骨材コンクリートに比べて強度は小さく、変形しやすくなります。そのため、高い強度のコンクリートに使用しても、骨材が先に破壊してしまいます。弾性係数（変形抵抗性）も、普通骨材コンクリートの50～70%程度と小さくなります。

耐久性の面では、普通骨材コンクリートに比べて、初期の乾燥収縮ひずみは小さくなります。これは、人工軽量骨材が吸収している水によって乾燥が抑えられているためと考えられています。ただし、コンクリートの最終的な乾燥収縮ひずみは、人工軽量骨材が普通骨材よりも柔らかいために変形しやすいことから、普通骨材コンクリートよりも大きくなります。さらに、多くの水を吸収している人工軽量骨材を用いた場合、コンクリートの凍結融解抵抗性は大きく低下します。この傾向は、軽量細骨材を用いた場合に比べ、より吸水量の大きい軽量粗骨材を用いた場合に大きくなります。それは、吸収している水が原因で、人工軽量粗骨材自体が凍結融解により破砕されてしまうからです。

4 これから利用が期待される骨材

1 副産物を利用した骨材

天然骨材の採取だけでは、自然破壊が進んでしまいます。そこで、副産物を骨材として利用することもあります。副産物とは、例えば、鉄鉱石から鉄を取り出した際に残ったガラス状の結晶体（スラグ）のような、製造過程で発生した材料のことです。捨ててしまえば、廃棄物となってしまうので、これを骨材として使用することはとても有効です。

スラグには、いくつかの種類があります。JIS A 5011では**コンクリート用スラグ骨材**として、高炉スラグ細・粗骨材、フェロニッケルスラグ細骨材、銅

表 4・4　スラグ骨材の種類

種類	性質
高炉スラグ細・粗骨材	銑鉄を高炉で製造する際に出てくる溶融スラグ。空気中で徐冷すれば粗骨材となり、水や空気などで急冷すれば細骨材となる
フェロニッケルスラグ細骨材	ステンレス鋼や特殊鋼の原料となるフェロニッケルを、炉で製造する際にできる溶融スラグ。これを徐冷または急冷してできた骨材
銅スラグ細骨材	黄銅鉱を炉で加熱し銅を製造する際に出てくる副産物を急冷してできた骨材
電気炉酸化スラグ細・粗骨材	電気炉で電気を利用したアーク熱により約1600℃程度まで加熱し、鉄スクラップなどを溶融する際にできるスラグ骨材

スラグ細骨材、電気炉酸化スラグ細・粗骨材を定め、一般的なコンクリートへの使用を認めています（表4・4）。また、現在コンクリートへの利用が試みられている骨材として、一般廃棄物、下水汚泥またはそれらの焼却灰を溶融固化した**溶融スラグ骨材**（JIS A 5031）のほか、鉄鋼スラグ骨材、電気炉還元スラグ骨材などがあります。

フェロニッケルスラグ細骨材、銅スラグ細骨材については、アルカリシリカ反応性を確認する必要があります。高炉スラグ骨材の場合、アルカリシリカ反応性はありませんが、それ自体に水硬性があるため、貯蔵時に固結することがあり、注意が必要です。

一般的な骨材に比べて、スラグ骨材の密度は大きくなります。また、破砕によりつくられるスラグ骨材の粒形は角張っており、一般的な骨材のコンクリートと同様の流動性を得るためには、砕石、砕砂と同様に単位水量を増やす必要があります。一方で、表面はガラス質のため平滑で、密度も大きいため、ブリーディングが起こりやすくなります。これにより、コンクリート表面が弱くなり、劣化の原因となります。そこで、微粉分を増量したり、AE減水剤などの混和剤を用いることで、単位水量の増加をできるだけ抑え、セメントペーストの粘性を高めるなどの対策をおこないます。

スラグ骨材を用いたコンクリートは、単位容積質量がすこし大きくなることがありますが、強度、耐久性において、普通骨材コンクリートと同程度と考えられます。

2 再生骨材

再利用するのは、他産業のゴミだけではありません。コンクリート構造物を破砕して製造した骨材の利用もおこなわれています。そのような骨材を**再生骨材**と呼びます（JIS A 5021、JIS A 5022、JIS A 5023）。コンクリート塊を破砕し、細かくした再生骨材は、旧セメント水和物が付着しているため、絶乾密度は低く、吸水率は高くなります。粒度は一般的な骨材と同程度ですが、粒径が小さいほど旧セメント水和物の付着量が多くなります。そのため、再生粗骨材に比べて、再生細骨材の絶乾密度がより低く、吸水率がより高くなります。また、再生細・粗骨材のなかでも粒径によって絶乾密度が異なるため、普通骨材の粒度と同じでも、小さい粒径の体積割合が多くなります。一方、実積率は比較的良く、普通骨材と同程度となります。なお、原料となるコンクリート塊を「原コンクリート」、原コンクリート中にある骨材を「原骨材」と呼びます。再生骨材のイメージを図4・23に、実物の一例を図4・24に示します。

旧セメント水和物の付着が影響するのであれば、それを取り除く処理をおこないます。その処理を「高度処理」と呼びます。高度処理には、高温加熱後、破砕処理をおこなう「加熱すりもみ法」、常温での「偏心ロータ法」や「スクリュー磨砕法」などがあり

> **episode ♣ 再生骨材の現状**
>
> コンクリート構造物を破砕し、再び骨材として利用する。これが再生骨材です。環境に優しいことは明らかですが、そんなにうまくはいきません。再生することに手間暇がかかり値段が高いこと、また普通骨材と同様にコンクリートに利用すると品質が低下する場合があることから、なかなか利用が進んでいません。今は、骨材のまま道路や建物の下を埋める材料として使用されているのがほとんどです。本当のリサイクルは、これから君たちがつくり上げていくことになります。

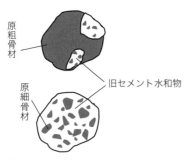

図4・23 付着のイメージ

図4・24 再生粗骨材

表4・5 再生骨材の物理的品質に関する規定概要

試験項目	再生粗骨材			再生細骨材		
	H	M	L	H	M	L
絶乾密度（g/cm³）	2.5以上	2.3以上	—	2.5以上	2.2以上	—
吸水率（％）	3.0以下	5.0以下	7.0以下	3.5以下	7.0以下	13.0以下
すりへり減量（％）	35以下	—	—	—	—	—
微粉分量（％）	1.0以下	1.5以下	2.0以下	7.0以下	8.0以下	10.0以下

＊再生骨材Hは、JIS A 5021「コンクリート用再生骨材H」に骨材として品質が規定され、一般のコンクリートにも使用可能となっている。一方、再生骨材MやLは、JIS A 5022「再生骨材Mを用いたコンクリート」、JIS A 5023「再生骨材Lを用いたコンクリート」に骨材だけでなく、特殊なコンクリートとして規定されている
＊粒度については、各JISに規定されている

ます。再生粗骨材に高度処理をおこなうと、付着している旧セメント水和物はほとんどなくなり、普通骨材と同程度の品質となります。しかし、再生細骨材の高度処理は難しく、加熱すりもみ法で処理した場合のみ、普通骨材と同程度の品質となることがわかっています。

再生骨材は、JISにおいて、その品質によってH、MおよびLの3種類に区分されます（表4・5）。

再生骨材を用いたコンクリートのフレッシュ性状は、再生骨材の粒度の影響から、普通骨材コンクリートに比べて低下する場合があります。また、再生骨材の吸水率が高い場合、人工軽量骨材と同様にポンプで再生骨材コンクリートを送った後の流動性は低下します。一方、旧セメント水和物が付着しているため、再生骨材の表面は粗く、ブリーディング量が少なくなります。

再生骨材を用いたコンクリートの硬化後の圧縮強度は、吸水率が高いほど小さくなります。また、原コンクリートの圧縮強度が影響することから、水セメント比を小さくしても、再生骨材コンクリートの圧縮強度があまり増加しなくなります。水分の散逸による乾燥収縮ひずみや、二酸化炭素の侵入による中性化も、普通骨材コンクリートに比べて、再生骨材の吸水率が高いほど大きくなります。原料となる原コンクリートがAE剤を使用していないコンクリートであれば、再生骨材中の空気量が不じゅうぶんとなり、骨材自体が崩壊するため、凍結融解抵抗性も低下します。そのため、普通骨材と同程度の品質の再生骨材Hは一般的なコンクリートにも使用できますが、密度が低く吸水率の高い再生骨材Lの用途先としては、強度をあまり必要としていない土間コンクリート（下地として地面に敷き込む床）など

が主体となっています。

以上のように、天然骨材の利用が難しくなってきているため、これからは各種スラグ骨材などの副産物骨材や再生骨材の利用が増えていくと考えられます。

砕砂は、天然の海砂などに代わって使用量が増加してきています。その際、粒径の改善や微粉末の混入量、他骨材との混合使用、そしてその時のコンクリート性状への影響を確認しておく必要があります。

また、溶融スラグ骨材を使用する際に大事なことは、環境への配慮を考え、重金属など有害物質が溶出しないことが重要です。

このように、どんなものでも骨材としてコンクリートに用いられるわけではありません。骨材の物理的、化学的な品質がコンクリートの強度や耐久性に及ぼす影響をじゅうぶんに理解して使用することが重要なのです。

❖参考文献

- 「特集　骨材問題を考える」『コンクリート工学』Vol.34、No.7、1996
- 「骨材特集」『セメント・コンクリート』No.415、1981
- 洪悦郎、鎌田英治訳『コンクリート骨材ハンドブック』技術書院、1987
- 「特集　コンクリート用骨材の現状と有効利用技術」『コンクリート工学』Vol.46、No.5、2008
- 村田二郎、長瀧重義、菊池浩治『建設材料　コンクリート』第3版改訂・改題、共立出版、2004
- 小林一輔『最新コンクリート工学』第5版、森北出版、2002
- 『コンクリート標準示方書［規準編］』土木学会、2013
- 『コンクリート標準示方書［維持管理編］』土木学会、2013

演習問題 4-1　下の表は、骨材のふるい分け試験をおこなった結果を示したものである。

ふるいの呼び寸法 (mm)	各ふるいにとどまる質量分率（累計）(%)	
	細骨材	粗骨材
80		0
50		0
40		5
30		15
25		28
20		42
15		62
10		84
5	0	95
2.5	12	100
1.2	24	100
0.6	56	100
0.3	78	100
0.15	98	100

(1) 粗骨材の最大寸法を求めなさい。
(2) 細骨材と粗骨材の粗粒率（F.M.）を求めなさい。
(3) 細骨材と粗骨材の粒度曲線を下記のグラフに記述せよ。

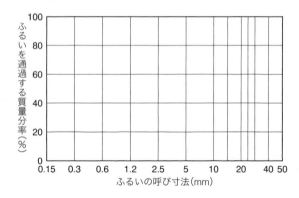

演習問題 4-2　図の骨材の含水状態について、下記のA～Dの名称とその状態について説明しなさい。

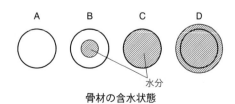

骨材の含水状態

演習問題 4-3 粗骨材を水中で 24 時間吸水させた後、表面の水をふき取って質量を測定したところ 1.19kg であった。さらに、この骨材を 105℃ の乾燥炉に入れ 24 時間後の質量を測定すると 1.17kg であった。また、乾燥時の単位容積質量は 1.67kg/ℓ、絶乾密度は 2.60g/cm³ であった。
(1) 骨材の吸水率を求めなさい。
(2) 骨材の実積率を求めなさい。

演習問題 4-4 骨材に関する次の記述のうち、正しいものには○、誤っているものには×をつけなさい。
(1) 粗粒率（F.M.）の値が小さい骨材は、粒径の大きな骨材が多い。
(2) 砕石は角張った形状のため、川砂利を用いたコンクリートと同じ流動性のコンクリートを得るのに水量を増加させる必要がある。
(3) 再生骨材は、付着しているペーストやモルタルの影響を受け、吸水率が小さくなる傾向がある。

5章
コンクリート

これまで、セメント、混和材料、骨材といった**コンクリートを構成する材料**を勉強してきました。この章では構成材料を混ぜ合わせたコンクリートの固まる前と固まった後（硬化後）の性質について学びます。そして最終的には、要求される性質に応じて構成材料の分量を計画する「配合設計」ができるようになることを目標としましょう。

1 フレッシュコンクリート

フレッシュコンクリートとはまだ固まらないコンクリートのことをいいます。そしてフレッシュコンクリートの善し悪しが、固まってからのコンクリートに影響を及ぼすことになります。

1 求められる性質

コンクリートでものをつくるためには、フレッシュコンクリートを型枠内の鉄筋の周囲や型枠の隅の方まできっちりとまんべんなく（均質に）空隙などがなくなるように詰め込むことが重要になります。詰め込む作業（打込みという）は、人の手による投入からポンプを使った投入へと変化してきています（図5・1）。また、空隙をなくす締固め作業も振動機（図5・2）を使うなど、機械化が進んでいます。

このように技術は進化して効率は良くなっても、だめなフレッシュコンクリートはできてしまいます。硬くてバサッとしたコンクリートや粘性の強すぎるコンクリートは型枠に詰め込む作業が困難で、空隙なく詰めることができなくなります。

では、軟らかければ良いかというと、軟らかくて**粘性**の少ないコンクリートは骨材とセメントペーストの**分離**が起こり均質なコンクリートがつくれません（図5・3）。

すなわち、フレッシュコンクリートに求められる性質とは、型に詰める作業をおこなえる軟らかさをもち、しかも分離を起こさないような適度な粘性をもつ、ということになります。専門的に記述すると、この性質を**ワーカビリティ**と呼び、次のような性質を含み総合的にフレッシュコンクリートの作業性を表現する用語として使われています。

コンシステンシー（consistency）：主として水量の多少によって左右されるフレッシュペースト、フレッシュモルタルまたはフレッシュコンクリートの変形または流動に対する抵抗性と定

図5・1　コンクリートポンプによる打込み

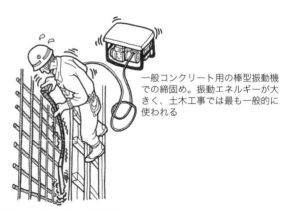

図5・2　振動機による締固め

一般コンクリート用の棒型振動機での締固め。振動エネルギーが大きく、土木工事では最も一般的に使われる

均質なコンクリート　　粘性が少なすぎると！　　分離したコンクリート

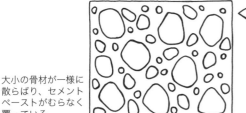
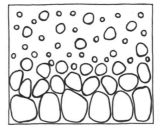

大小の骨材が一様に散らばり、セメントペーストがむらなく覆っている

重い骨材が下に集まってしまう

図5・3　均質なコンクリートと分離したコンクリート

①スランプコーン　　②コンクリートの投入　　③引き抜いた直後のコンクリート　　④スランプの測定

図5・4　スランプ試験

義されています。フレッシュコンクリートの軟らかさの程度に関する用語で、水量の多い少ないでコントロールできる性質です（表1・1、p.30参照）。

プラスティシティ（plasticity）：型に詰める時の詰めやすさと、その際の分離しにくさを表す用語で、先述したフレッシュコンクリートの粘性に関係する性質です。粘性に関係するので、セメントや細骨材などの比較的小さな粒子の量や性質に関係します。また、コンクリートに含まれる空気の量も影響します。実用的には、セメントより、むしろ細骨材の量の増減でコントロールしています（表1・1参照）。

フィニッシャビリティ（finishability）：コンクリート表面のコテ仕上げの容易さを表す用語です。例えばセメントペーストが少なすぎ、骨材量が多すぎてコテ仕上げが困難な場合、フィニッシャビリティが良好でないといいます（表1・1参照）。

これらの用語は主観的な言葉で、物理的に何かの数字で表されるものではありませんが、コンクリートを使って構造物をつくるうえでは重要な性質です。

2　性質は何で測るか

なかなか物理的な数字では表せないフレッシュコンクリートの性質を測る方法として、従来から使用されているのがスランプ試験です。**スランプ試験**は図5・4①～④に示すように、**スランプコーン**にフレッシュコンクリートを詰めて、コーンを鉛直上向きに引き上げた後、コンクリートの天端が下がる量を測定するものです。

軟らかいコンクリートの場合には大きく下がり、固いコンクリートの場合には下がる量が小さくなります。すなわち、スランプ試験はフレッシュコンクリートの軟らかさを自重による下がり量として測定する方法で、コンシステンシーを測定する試験方法ということになります。これからコンクリートを充填しようとする型の大きさや鉄筋の量にあわせて、詰めるのに必要な軟らかさをこのスランプという数

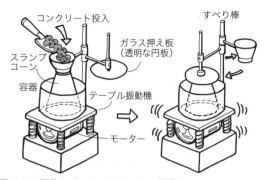

図5・5 振動台式コンシステンシー試験

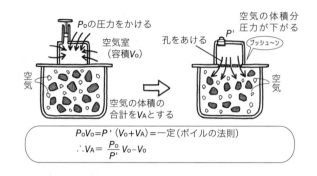

図5・6 空気室圧力法による空気量測定の原理

字で設定できれば、この数字をもとにコンクリートの計画（配合設計）や施工管理が数字でおこなえることになります。

ちなみに、断面が薄く、設備配管などの多い建築用のコンクリートの場合にはスランプは15〜18cmのものが多く用いられ、断面が比較的大きな土木構造物用のコンクリートではスランプ5〜12cmのものが多く用いられます。

このスランプ試験では、スランプ測定後に棒で床面やコンクリートを叩くなどして振動を与え、その時の崩れる速さや形状から粘性、すなわちプラスティシティの判断もおこなっています。

一方、舗装用やダム用のコンクリートにはコンシステンシーをスランプ試験では測れないような硬練りのコンクリートが使用されています。このようなコンクリートのコンシステンシーを測るために開発されたのが、図5・5に示す**振動台式コンシステンシー試験装置**です。コーンに詰めたコンクリートはコーンを持ち上げても崩れませんが、振動を与えると変形します。この変形に要する時間を測定したり、透明なガラス押え板の上からセメントペーストの分離の状況を観察する試験装置です。

フレッシュコンクリートの重要な性質として測定されているのが空気量です。**空気量**とはコンクリート中に含まれる空気の量を容積の百分率で表した数字です。3章「混和材料」（p.45）で学んだ**AE減水剤**などによって、連行される空気は直径が数十〜300μm程度の小さな**独立気泡**となっています。空気量そのものはワーカビリティを表す量ではありませんが、空気量が多くなると、独立気泡であるためにあたかも自動車の回転軸を滑らかに回すボールベアリングのように軽やかに回転するため、フレッシュコンクリート全体が動きやすく、すなわち軟らかくなります。また、**材料分離**に対する抵抗性も向上し、結果としてワーカビリティが良くなります。

ただし、空気量が多すぎると、空隙だらけのコンクリートとなり、強度が低下するなどの悪影響が出てしまいます。一般的な範囲としては4〜7％程度とされています。この空気量を測定する方法には、質量法、容積法、**空気室圧力法**などがあります。図5・6に施工現場で最も標準的に使用されている空気室圧力法の測定原理を示します。

3 材料分離とブリーディング

そもそも、コンクリートはセメントから粗骨材まで大きさや密度の違う粒子の混合物ですので、フレッシュな状態においては密度の大きなものが**沈降**し、密度の小さなものは浮くという分離現象が発生する危険があります。このような分離現象のうち、主に粗骨材とモルタルの分離に起因して構造物中で粗骨材が偏って存在してしまう現象を**材料分離**と呼び、

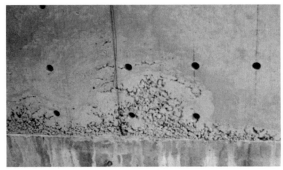

図5・7 ジャンカ（提供：日本コンクリート工学協会）

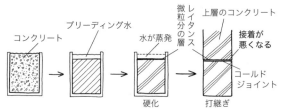

図5・8 レイタンスによる接着不良

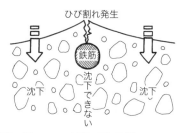

図5・9 鉄筋に沿ってひび割れが入る例

コンクリート中で最も密度の小さな水（セメントや骨材に含まれる微粒分を含んでいることが多い）が他の材料と分離、コンクリートの上面に向かって移動する現象を**ブリーディング**と呼んで分けています。

材料分離を、粗骨材とモルタルとの間の付着状況を例にとってみると、モルタルの粘性が大きければ粗骨材の沈降などの移動が起こりにくくなります。したがって、モルタルの粘性を変えることにより、ある程度材料分離に対する抵抗性、すなわちプラスティシティを改善することができます。

モルタルの粘性に影響を及ぼす要因にはいろいろありますが、プラスティシティの項で説明したように実用上は細骨材の量を変化させてコントロールしています。

ただし、材料分離は施工の方法によっても助長されます。例えば、コンクリートを型枠に詰める際に高い所から落下させたり、締固めの際に振動機をかけすぎると分離が発生し、時には**豆板**や**ジャンカ**といった現象が発生します（図5・7）。

ブリーディングは、浮き水とも呼ばれる現象で、コンクリートを打ち込んだ後、数十分～数時間で発生します。この現象は、程度の違いはありますがコンクリートにつきものの現象です。先述したようにブリーディングの水は微粒分を含んでいるため表面に浮き出た水が蒸発すると微粒分が層をなして残ります。これを**レイタンス**と呼びます。

もし、この面にさらにコンクリートを打ち継ぐ場合、レイタンスをそのままにして打ち継ぐと図5・8のように微粒分層のために接着が悪くなり、コンクリートの一体化が図れなくなります。このような不具合を**コールドジョイント**（p.98、図5・43）と呼びます。コンクリートを打ち継ぐ場合には、金属ブラシでこすり、水洗いをするなどして、レイタンスを除去する必要があります。

また、ブリーディングが発生するとコンクリート表面が下がりますが、鉄筋などがある場合には沈下に伴う引張力によって鉄筋に沿ってひび割れが入ることがあります（図5・9）。また、このような場合にはコンクリート中を上昇してくる水が鉄筋の下面にたまり、水隙をつくってしまうこともあります。このような場合には鉄筋とコンクリートとの付着が悪くなり構造的な欠陥となることがあります。

このような現象を防ぐにはコンクリートの打込み作業が終わり、ブリーディングの発生が落ち着いた頃合いを見計らって振動機による再振動をかけ、コンクリート中や鉄筋下面の水隙を除去するという施工技術上の工夫が有効です。

2 硬化コンクリート

　硬化コンクリートとは、セメントの水和反応により骨材同士が接着され、あたかも人工の岩のようになった状態をいいます。この状態になってはじめて構造物としての役割を発揮します。

1 求められる性質

　硬化コンクリートは、まさに構造物を形づくるものであり、外部からの力に抵抗したり、構造物を支えるために使われます（図5・10）。したがって、まずは構造物を支えるための強さ、すなわち強度が求められます。また、ダム、トンネル、道路構造物など、身のまわりの構造物を思い浮かべてみればわかりますが、それらはいったんつくられると数十年にわたって使い続けられることになります。すなわち、強度が長持ちすることが必要となります。この性質を耐久性と呼んでいます。すなわち、硬化コンクリートには、所定の強度を発揮し、耐久的であることが求められているといえます。

2 コンクリートの強度には何が影響するのか

　コンクリートの**強度**が重要な性質であるとすると、私たちとしてはコンクリートを取り扱うにあたって強度をコントロールすることが必要になります。具体的には、①強度を決定づけるメカニズムを理解して所定の強度を確保するように計画することと、②強度に影響を与える要因を知り、悪い影響とならないようにすることの2点に集約されます。

　コンクリートの強度はセメントの水和反応により発現するもので、時間の経過とともに強度は大きくなっていきます。ですから、コンクリートの強度を論じる際には、時間を一定にしておかなければ比較をおこなったり、また、所定の強度が確保できているか否かを判断することができません。コンクリートの世界では材齢4週、すなわち、コンクリートが練混ぜられ、生まれてから28日後の強度を基準の強度として設計や管理に用いることにしています。したがって本書でも、強度という場合には材齢28日の強度をさしていると考えてください。

①強度を決定づけるメカニズムと強度の確保

　端的にいうと、コンクリートは骨材同士をセメントペーストという接着剤で結合したものです。したがって、コンクリート全体の強さはセメントペーストの接着力によって決定づけられるといってもよいでしょう。セメントペーストは水とセメントからなり、水とセメントの質量比率（**水セメント比**：W/C）が小さければセメントの濃いペーストということができます。濃いペーストは接着力が強いことは容易に想像できますので、濃いペーストを使ったコンクリートの強度は大きくなると考えられます。

　実際、図5・11に示されるように、水セメント比が小さくなると指数関数的に強度が大きくなることが知られています。また、水セメント比の逆数をとって**セメント水比**と強度の関係を求めると、図5・12のように直線関係となり、よりシンプルでわかりやすい関係になっていることが知られています。

　このような関係を使うことで、コンクリートを製造する、すなわち、生み出す際に所定の強度を確保したコンクリートを計画することができるといえます。これは、後で述べるコンクリートの配合設計における重要な性質になります。

②強度に影響を与える要因

　コンクリートは、水とセメントの水和反応によっ

図5・10　力に抵抗するコンクリート

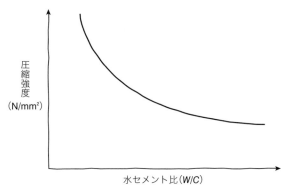

図5・11 水セメント比と強度

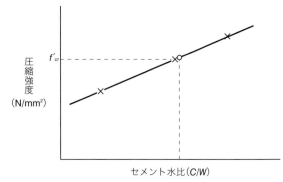

図5・12 セメント水比と強度

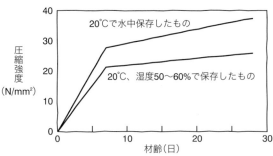

図5・13 乾燥による強度の減少

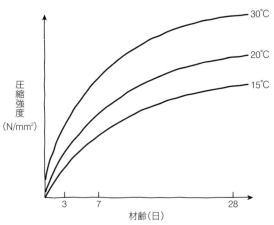

図5・14 強度発現に与える温度の影響

て時間をかけて強度を発現していきます。強度発現の最中にセメントと反応を起こす水が乾燥してなくなってしまえば、水和反応が停止してしまい、所定の接着力が得られなくなってしまうことが想像できます。すなわち、図5・13に示すように水分をたっぷり与える湿潤保存をすれば長期間にわたって強度が発現しますが、途中で乾燥させてしまうと強度の発現が減少しています。

また、セメントと水の水和反応は化学反応の1種なので、温度によって影響されることも考えられます。図5・14に示すように、保存時の温度が高いほど強度の発現が大きくなっていきます。ただし、温度が高すぎる場合にはかえって強度が低くなることが多く、一般的には85℃以上の温度はコンクリートにとって有害とされています。また、温度が4℃以下の場合にはコンクリートの強度の発現は急激に

小さくなります。特に、コンクリート中の水が凍結するような場合には、**初期凍害**といって強度に著しく影響が出ます（図5・15）。

以上のように、湿度と温度はコンクリートの強度に影響を与える重要な要因となります。一般的な工事ではコンクリートは現場で型枠に詰められ、型のなかで硬化し、さらに型を外され、現場の環境のもとで強度が発現していくことになります。施工現場は屋外であることが圧倒的に多く、コンクリートは現場の気温、湿度のもとに曝されることになります。そのまま放置していては、コンクリートは湿度や温度の影響をダイレクトに受けてしまいます。そこで、コンクリートが乾燥しないように散水や水を含ませたマットを被せるといった措置や、温度が下がり過ぎないようにヒーターで温風を送るなど、季節や気候に合わせて面倒をみてやる必要があります。

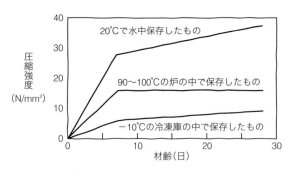

図5・15 高温および低温の影響

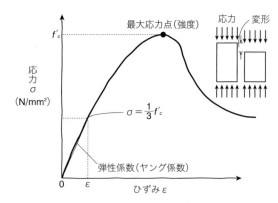

図5・16 コンクリートの応力－ひずみ関係

表5・1 湿潤養生期間

日平均気温	普通ポルトランドセメント	混合セメントB種	早強ポルトランドセメント
15℃以上	5日	7日	3日
10℃以上	7日	9日	4日
5℃以上	9日	12日	5日

（出典:『コンクリート標準示方書』土木学会）

このように、順調に強度が発現するように、じゅうぶんな湿度と適度な温度となるようにコントロールし、さらに、有害な外力が作用しないようにコンクリートを守ることを**養生**といいます。養生をしっかりおこなうことがコンクリートの施工上のポイントとなります。コンクリート標準示方書には、施工時の日平均気温とセメントの種類に対応した湿潤養生期間の目安が示されています（表5・1）。

3 コンクリートの力学的性質の特徴

①コンクリートの強度の特徴

もともと、コンクリートは人の手で人工的に岩石をつくるという要求から生まれたものです。そのため、骨材として石や砂を使い、接着剤にもセメントという石灰岩を起源とする材料が使われています。このように岩石をモチーフとしていますので、岩石の特徴をよく映しています。最も特徴的なものは、圧縮方向の力に強く、引張方向の力に弱いという性質です。一般的なコンクリートでは**引張強度は圧縮強度**の1/13～1/10とひじょうに小さい値です。このため、コンクリートはさまざまな構造物のなかで自重や外力によって発生する圧縮応力に抵抗するように設計されてきました。したがって、コンクリートの強度といえば一般に圧縮強度のことを指します。

②応力－ひずみ関係の特徴

コンクリートも力を受けるとゴムと同じように変形します。ただ、ゴムと比べて変形が小さいため、私たち人間の目ではよくわかりません。コンクリート構造物の設計をおこなうためにはコンクリートが受ける力とそれによる変形の関係、すなわち、**応力－ひずみ関係**を知っておく必要があります。ひずみは微小な変形を電気的に捉えることのできるセンサーを用いることにより測定することができます。図5・16はコンクリートの応力－ひずみ関係の一例を示したものです。コンクリートは引張には弱いので引張強度は小さく、すぐに壊れてしまいます。一方、圧縮方向にはかなり大きな応力まで耐えることができます。グラフを詳しくみると、原点付近から最大応力の1/3程度まではほぼ直線となっていることがわかります。最大応力点に向かってグラフは次第に上に凸な曲線になり、最大応力点を越えると応力は減少しひずみが増加するという状態を示し、破壊に至ります。

グラフにおいて、ほぼ比例関係を示す最大応力の1/3の点と原点（正確にはひずみが50×10^{-6}の点）を結んだ傾きを**弾性係数**といいます。また、鉄筋コンクリートの設計においては、弾性係数だけでなく

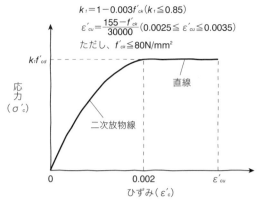

図5·17 設計で用いる応力－ひずみ関係のモデル（出典：『コンクリート標準示方書』土木学会）

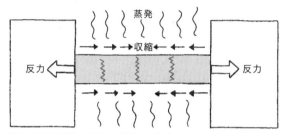

図5·19 収縮によるひび割れの発生

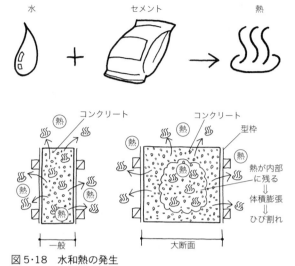

図5·18 水和熱の発生

破壊にいたるまでの応力－ひずみ関係が必要になりますが、図5·17のようなモデルを使っています。

③収縮およびクリープ

コンクリートには長い時間をかけて変形が生じる現象があります。コンクリートはまるで岩石のように詰まった物質のような印象を受けますが、近づいてよく見てみると小さな空隙が数多く含まれていることがわかります。コンクリートは空隙が多い**多孔質材料**なのです。このような空隙には雨が降れば水が充満し、晴れが続けば水分は乾燥し蒸発することになります。このように乾燥すると収縮を起こす現象を**乾燥収縮**といいます。この空隙は、コンクリートを製造する際の水量が多いと増える傾向にあります。すなわち、乾燥による収縮を減らすためにはコンクリート中の水量を減少させるのが良いといえます。

また、コンクリートは気温の変化や水とセメントの水和反応によって生じる水和熱によって膨張や収縮を起こします（図5·18）。その変化は、温度1℃の変化に対して10×10^{-6}程度のひずみとなります。このように乾燥や温度変化によって過大な収縮が生じた場合、図5·19に示すように構造的に拘束されていると、コンクリート部材には**引張応力**が発生します。コンクリートは引張応力には弱いため、**ひび割れ**が発生することになります。

さらに、コンクリートには一定の応力が長時間作用し続けると、時間の経過とともに変形が増大するという現象があります。この現象をコンクリートの**クリープ**と呼んでいます。クリープのメカニズムははっきりとしていませんが、応力を受けつづけることによる水分の圧出や局部的な破壊など、土の圧密現象と似たような説明もされています。この現象は、例えば橋桁において自重によるたわみが年々大きくなるといったような現象として表れ、場合によっては使用性に問題が生じることがあります。特に、水セメント比が極端に大きいコンクリートを使用した場合や応力を若い材齢で作用させた場合などでは大きくなる可能性があります。適切な範囲の水セメント比を用い、コンクリートの養生をしっかりとおこなうことがここでも肝要です。

4 圧縮強度以外の強度

①引張強度

先述したようにコンクリートの引張強度は弱く、圧縮強度の1/13～1/10程度です。したがって、構造物の設計ではコンクリートの引張に対する抵抗は無視され、圧縮力のみを分担するように考えられます。そこで、引張力を受けもってもらうものが鉄筋です。鉄筋コンクリートとはコンクリートの弱点を鉄筋がカバーするという構造なのです。ただし、ひび割れの発生には引張強度が直接関係します。コンクリートの引張強度の測定は、図5・20に示すような割裂試験によって測定するのが一般的です。このとき、

解説 ♠ 収縮やクリープを考慮したコンクリート構造物の設計

収縮やクリープ等の時間とともに変化するひずみは、コンクリートの強度や部材の耐力など安全性への大きな影響はありませんが、たわみやひび割れの発生など快適に構造物を使用する上での性能に関係してきます。また、コンクリート橋等に適用されるプレストレストコンクリート構造では重要な性質になります。近年はこの収縮やクリープを構造設計に取り込み、変形やひび割れを高度に制御しようとする方向に進んでいます。ここでは、コンクリート標準示方書の記述を紹介します。

(1) 収縮

コンクリートの収縮に関する研究では、100mm×100mm×400mmの角柱供試体を用いた実験データが蓄積されてきました。コンクリートの収縮は、周辺の湿度、部材断面の形状寸法、使用骨材やセメントの種類、コンクリートの配合等に影響を受けます。一方、図5・19に示したようなコンクリート部材に発生するひび割れ幅を算定するような場合には、この後に述べるクリープの影響も考えなくてはいけません。コンクリート標準示方書では、クリープの影響を考慮した収縮ひずみの一般的な値として 150×10^{-6} という値が示されています。

(2) クリープ

クリープとは、図1に示すように応力が作用した瞬間に弾性ひずみが生じた後に、時間の経過に伴ってひずみが増加する現象で、土の圧密に似た現象です。クリープは圧縮だけでなく、引張やせん断等様々な応力を受けても生じます。これまでの研究で、クリープひずみには次のような法則が見出されてきました。

- 作用応力が強度の40％程度以下の場合には、クリープひずみは作用応力による弾性ひずみに比例し、その比例係数は圧縮の場合も引張の場合も等しい（Davis-Glanvilleの法則）。なお、この比例係数を ϕ と書き、クリープ係数と呼んでいます。
- 同一のコンクリートでは、単位応力に対するクリープひずみの進行速度は一定不変である（Whitneyの法則）。すなわち、図2に示すように $t=0$ で一定荷重を作用させた場合のクリープ曲線を曲線Ⅰとし、それよりも遅れて $t=t_1$ で作用させた場合を曲線Ⅱとすると、曲線Ⅱは $t=t_1$ 以降の曲線Ⅰを平行移動させたものと一致するというものです。

以上の2つの法則を適用することにより、作用応力が変化した場合や応力の作用時期が変化した場合でもクリープひずみを推定することができます。クリープも収縮と同様に周辺の湿度、部材断面の形状寸法、使用骨材やセメントの種類、コンクリートの配合等に影響を受けます。

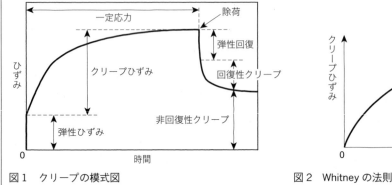

図1　クリープの模式図

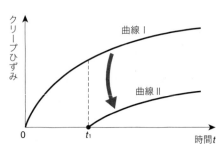

図2　Whitneyの法則

引張強度は式（5.1）によって算定されます。

$$f_t = \frac{2P_{max}}{\pi dl} \quad (5.1)$$

f_t：引張強度　　P_{max}：最大荷重
d：直径　　l：供試体の長さ

②曲げ強度

コンクリートは曲げにも弱く、圧縮強度の1/8〜1/5程度です。したがって、曲げモーメントが作用する部材では、鉄筋による補強をおこなうのが基本的な考え方になります。ただし、道路や空港の滑走路に使われるコンクリート舗装では、輪荷重により路盤には曲げが作用する荷重状態となり、曲げ強度を用いた設計がおこなわれます。

図5・21に示すように2点で載荷する試験方法によって測定されます。

③せん断強度

床やスラブ（天井）の柱のまわりではせん断力が働くため注意が必要になることがあります。せん断強度f_sは圧縮強度f'_cと引張強度f_tから次式（5.2）によって算定されます。

$$f_s = \frac{\sqrt{f'_c f_t}}{2} \quad (5.2)$$

④付着強度

コンクリート構造物は、そのほとんどが鉄筋コンクリート構造です。引張力を鉄筋が分担する**鉄筋コンクリート構造**では、コンクリートと**鉄筋**が一体となることが前提となります。すなわち、コンクリートと鉄筋の付着強さが重要になります。付着強度にはコンクリートの品質、かぶり、異形鉄筋の表面形状などが影響します。

⑤疲労強度

作用する応力が強度より小さい場合でも繰返し作用することによって破壊に至ることがあります。その現象を**疲労**と呼びます。金属疲労が原因で原子力発電所の冷却パイプが破損する事故も発生しています。このような現象は金属だけでなくコンクリートにも生じます。繰返し応力が作用する橋梁などでは疲労強度が設計上重要になります。

3 コンクリートの耐久性

みなさんの身の回りには、さまざまな工業製品があふれていますが、その便利な製品をどのくらいの期間使うでしょうか。コンクリート構造物はどうでしょう。近所にある橋や鉄道、高速道路の高架橋といった構造物には、みなさんが物心ついた時にはすでに存在していたものが多いと思います。「あの橋はお父さんが子供の頃にできた」とか「祖母が結婚した年に高速道路が開通した」といった話も聞いたことがあるでしょう。コンクリート構造物は、何といっても社会資本ですから1度造られると30年、50年さらには100年以上にわたって使い続けられることになるのです。ですから、コンクリート構造物に求められるのはやはり、長期間耐える性能であるといえます。

図5・20　割裂引張強度試験。直径10cmの供試体を横倒しにして荷重をかけ、割れた時の荷重から引張強度を算定する

図5・21　曲げ強度試験。10cm×10cm×40cmの供試体に2点で載荷し、破壊時のモーメントから曲げ強度を計算する

構造物を建設するためには、鋼材、コンクリート（水、セメント、骨材など）といった多くの建設材料が必要になります。これらの材料を得るためには、例えば、多くのエネルギーを使って鉄を製造したり、山を切り拓いて骨材を採取したりと、建設地点のみならず、広範囲にわたって少なからぬ影響を及ぼすことになります。持続的発展が可能な社会を目指すためにも、いったんつくると決めた構造物は、長期間使い続け、安易につくり替えをおこなわないという社会的方針が重要になります。すなわち、構造物の**長寿命化**が重要になるといえるでしょう。

　コンクリートはいわば人工の岩ですから、自然の岩のように風雪に耐えることを目指して開発されてきました。だからこそ昔から使われてきた構造物が多数存在します。しかし、自然にある岩が長い時間のうちに風化していくように、コンクリートにも**劣化**という現象が起こります。さらにその劣化が、条件によっては短期間のうちにコンクリート構造物に顕在化することもあります。コンクリート構造物の技術者を目指すみなさんには、劣化を引き起こす条件を知り、劣化に対処し、できるだけ長持ちする構造物を提供することが求められるのです。この節では、コンクリートの劣化要因とその対策について整理していきましょう。

1　コンクリートそのものの劣化

①凍害（図5・22）

　コンクリートが実は多くの空隙を含む多孔質材料であることは先に述べたとおりです。屋外で使用されることの多いコンクリートでは、この空隙に水分を含んでいることが多くあります。日本でも寒冷地になると冬の夜には氷点下になります。水は凍結し氷になると体積が約10％増加します。夜になって気温が低下し、狭い空隙のなかで水の凍結が起こると図5・23に示すように体積が増加しようとしますが、空隙の大きさは変化できないため圧力として作用することになります。この膨張による応力が部分的にコンクリートの強度を越えると局部的な破壊を起こし、小さなひび割れが生じます。昼間、気温が上がり氷が溶けると何事もなかったかのように応力は下がりますが、再び気温が低下すると、新たに発生した小さなひび割れ中の水も凍結・膨張するためさらにひび割れが大きくなります。このようにして空隙中の水の凍結・融解の繰返しによって硬化コンクリートが蝕まれていく現象を**凍害**と呼んでいます。この凍害は最初は水が浸入しやすく凍結しやすい表面付近から発生し、次第に内部に向かって進行します。

　凍害を起こさないようにするためには、**凍結融解**のメカニズムを考えることが重要です。空隙中の水

episode ♣ コンクリートの弱点を克服

　古くから日本で使われている技術に土壁があります。土壁は、粘土、砂に「すさ」と呼ばれる「わら」を練り込み熟成させたものを竹網などに塗り重ねて壁にする技法です。

　そこには繊維質である「わら」を練り込むことによって引張方向の力に強くなり、ひび割れが発生しにくくなるという古来からの知恵があります。この知恵をコンクリートにも応用し、弱点である引張方向の力への抵抗性を改善することもおこなわれています。それが繊維補強コンクリートです。

　さすがにコンクリートの中に「わら」を入れることはしませんが、鋼繊維やガラス繊維は従来から使用されてきました。最近は、炭素繊維のほか、ポリエチレン、ポリプロピレン、ビニロンなど、新しい素材が登場し、使用され始めています。

土壁

鋼繊維

ビニロン繊維

図5・22 凍害（提供：日本コンクリート工学協会）

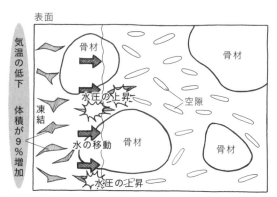

図5・23 凍害のメカニズム

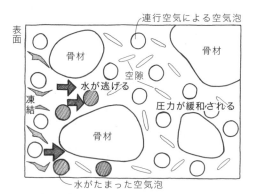

図5・24 連行空気による凍結膨張圧の緩和

が凍結膨張するのが原因ですから、水の浸入を抑制するとともに、膨張圧力に抵抗できる強度を確保することが効果的です。すなわち、水の浸入経路となりうる**空隙**を減らすために、空隙の少ない良質な骨材を使用するとともに、水セメント比を小さく緻密なコンクリートにすることが重要です。さらに水セメント比を小さくすることによって膨張圧力に抵抗できる強度を確保できます。

もう1つの有効な方法は、**膨張圧**を緩和することです。コンクリート中のすべての水が1度に凍結するわけではなく、一般的には表面から内部に向かって徐々に進行していきます。この時、空隙で発生する凍結によって行き場を失った水を逃がす場所を確保してやれば、図5・24に示すように膨張による圧力を減らすことができます。3章「混和材料」で説明したAE剤などを添加し、コンクリート体積の4～7％程度の割合で独立した空気泡を故意につくり出すことによって凍結による水の逃げ場をつくり、膨張圧力を低減することが可能になります。

②アルカリシリカ反応（ASR）

健康なコンクリートは強い**アルカリ性**となっています。アルカリ性であるため、空気中ではすぐに錆が生じる鉄筋が腐食することなく何十年にもわたって守られることになります。この点ではアルカリ性であることはコンクリートの長所なのですが、時には短所になってしまうことがあります。それが**アルカリシリカ反応**です。アルカリシリカ反応とはコンクリート中のアルカリ溶液に含まれるアルカリ金属イオンと骨材中の**反応性鉱物**（ケイ酸塩鉱物）が化学反応を起こすことをいいます。アルカリシリカ反応が生じると反応生成物として骨材のまわりに**アルカリシリケートゲル（ゲル）**が生成されますが、このゲルは水を吸収して次第に膨張するという性質をもっています。コンクリート中でゲル膨張が生じると、先述した凍害と同様に膨張圧による引張応力が生じ、部分的にコンクリートの強度を越えるとひび割れが生じます（図5・25）。ひび割れが発生すると外部からの水の供給が増え、さらにゲルが膨張し、ひび割れの増加、拡大へとつながります（図5・26）。それにともない鉄筋が腐食すると構造物の寿命は著しく短くなることになります。

アルカリシリカ反応によるひび割れを防止するにはどうすれば良いでしょうか？ ひび割れに対する

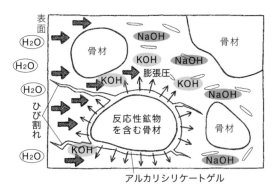

図5・25　アルカリシリカ反応のメカニズム

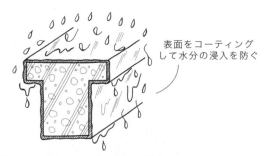

図5・27　外部からの水の浸入を防止

図5・26　アルカリシリカ反応によるひび割れ

抵抗力を上げるために、凍害と同様に水セメント比を小さくしてコンクリート強度を上げれば良いのでしょうか？　答えは否です。なぜならば、水セメント比を小さくしてセメントの比率を大きくすると、アルカリ溶液中のアルカリ金属が相対的に増加することになり、かえってアルカリシリカ反応を助長してしまう可能性があるためです。アルカリシリカ反応は、①骨材に反応性鉱物が含まれること、②アルカリ金属が多く含まれること、③ゲルを膨張させる水が存在すること、の3つの条件が同時に満たされる場合にのみ進行します。すなわち、これらの条件のうち1つでも取り除けばアルカリシリカ反応は発生しないことになります。そのためには、まず、反応性鉱物を含まない骨材を用いることが第1の防止策となります。**骨材の反応性**を試験する方法としてはJISに**化学法**と**モルタルバー法**が規定されています。このような試験で無害と判定された骨材を使用することが一番です。しかし、やむを得ない事情により無害ではない骨材を使用しなければならない場合も出てきます。そのような場合には、アルカリ溶液を減少させてコンクリート中に含まれる**アルカリ総量**を減らすことが次の対策となります。そのための方策としてアルカリ量の少ない低アルカリセメントを使用したり、高炉セメントやフライアッシュセメントといった混合セメントを使用するのが効果的です。さらに、アルカリ溶液を減らすことができない場合には、ゲルを膨張させる水を取り除くことになります。外部からの水分の供給を防ぐ塗膜の施工や、内部からの水蒸気は通過させるが外部からの水分の浸入を防ぐ**撥水剤**の使用など、主にコンクリートの表面をコーティングする工法が採用されています（図5・27）。

③化学的侵食

鍾乳石というものを聞いたことがあると思います。これは、石灰台地などで岩盤の亀裂部分を流れる雨水が長い年月の間に石灰石を溶かし、その水が地下の空洞の天井部などから湧き出し落下する際につらら状に結晶を析出させたもので、主成分は炭酸カルシウムです。これと同じような現象がコンクリートにもあります。図5・28はコンクリートの庇に生じたつらら状の物体ですが、庇の上に降った雨水がコンクリートのひび割れを伝って流出する間にコンクリート中の水和物が水に溶かされ、**炭酸カルシウム**の結晶として析出したものと考えられます。考えてみれば、コンクリート中で接着剤の役目をし

ているのはセメントであり、セメントの主原料は石灰岩ですから鍾乳石と同じような現象が起こったとしても不思議ではないのかもしれません。コンクリートは化学的にはpHが13程度の強アルカリ性材料です。そのため、一般的には酸による侵食を受けやすい材料ということになります。つらら状の物体が発生するのは中性もしくは弱酸性の雨水による化学的作用ということになりますから、もっとpHの小さな物質に対しては大きな影響を受けることが考えられます。

塩酸、硫酸、硝酸などによる侵食は、雨水とは比べものにならないくらい短期間に激しい影響が出ます。セメントペーストの部分が溶け出しコンクリート自体がやせ細ってしまいます。このような**強酸による侵食**は一般の環境下ではあまり考えられませんが、温泉地帯や化学工場の設備などでは損傷を受けることがあります。また、汚水の流れる下水道施設では硫化水素が発生し、これが好気性の細菌による生化学的反応によって硫酸を発生させることがあります。このような特殊な条件下でコンクリートを使用する場合には、良質な骨材を使用したうえでコンクリートを緻密にし化学薬品への抵抗性を高めるために水セメント比を低減させる、さらにコンクリート表面に被覆層を設けることなどが重要になります。

一方、同じ化学物質でも**硫酸塩による損傷**は症状が異なります。硫酸塩はセメント中の成分と反応してエトリンガイトという物質を生じます。このエトリンガイトがコンクリート中で膨張し、凍害やアルカリシリカ反応と同じようなひび割れを生じさせたり、表面を剥落させたりと大きな損傷を与えます。硫酸塩は海水中や温泉に含まれるため、港湾や海洋で施工されるコンクリート、温泉水に関係する設備のコンクリートなどでは影響が懸念されます。対策としては、良質な骨材を使用したうえで、硫酸塩と反応する成分の少ない中庸熱セメントや耐硫酸塩セメントまたは高炉セメントなどの混合セメントを使用するほか、やはり、コンクリートを緻密にするために水セメント比の低減を図るのが効果的です。

２ コンクリート中の鋼材の腐食（図5・29）

先述したようにコンクリートはpHが13程度の強アルカリ性となっています。このような環境下に埋め込まれている鉄筋の表面には、**不動態皮膜**と呼ばれる酸化皮膜が生じています。この皮膜が存在している間は、いわゆる「錆」が発生しにくくなります。現在、私たちはコンクリートを単独で使うのはダムなど一部であり、むしろ、後述する鉄筋やPC鋼材によって補強した、鉄筋コンクリートやプレストレストコンクリートとして使用する場合がほとんどです。この場合、鉄筋やPC鋼材がコンクリートを補強する役割を担っているわけですが、コンクリートは自身が構造体を演じるだけでなく、鉄筋やPC鋼材を錆から保護する役割も果たしているのです。しかし、何らかの理由で不動態皮膜が機能しなくなると、鋼材には**錆**が発生します。錆すなわち酸化鉄は鉄に比べて2.5倍の体積に膨張するため、鋼材に沿って膨張によるひび割れが発生することになります。ひび割れが発生すると酸化に必要な酸素が容易に鋼材に達するため、さらに錆が進行することになります。この錆が時間の経過とともに進行すると鋼材断面がやせ細り、構造物の寿命が短くなることになります。

①中性化

コンクリートが実は孔だらけの多孔質材料であることはすでに述べたとおりです。コンクリート構造

図5・28　コンクリートの庇から析出したつらら

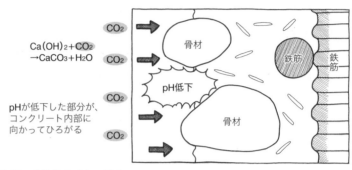

図5・29 鉄筋腐食によるひび割れ　　図5・30 中性化のメカニズム

物が空気中にあると、コンクリートの小さな孔のなかにも空気中の二酸化炭素が入ってきます。一方、コンクリート中にはセメントと水の水和反応によって生成された水酸化カルシウムが多く存在しており、これがコンクリートのpHを高い環境に保っています。ところが、そこに二酸化炭素が入ってくると水酸化カルシウムと反応して炭酸カルシウムが生成され、pHが徐々に低下することになります（図5・30）。このようなpHの低下はコンクリート表面から始まり、時間の経過とともに内部に進展していきます。このようにしてコンクリートのアルカリ性が失われていく現象を中性化と呼んでいます。中性化した領域がコンクリート中の鋼材の近傍にまで到達すると、鋼材の不動態皮膜の機能が低下し錆が発生することになります（図5・31）。

中性化はコンクリートの空隙を通って浸入してくる二酸化炭素によるものであるため、対策としてはこの二酸化炭素が通りにくい状況にすることが効果的です。すなわち、水セメント比を小さくしてコンクリートの空隙構造を緻密にすることが重要です。

②塩害

多孔質なコンクリートの空隙を通って浸入してくるのは二酸化炭素だけではありません。港湾の構造物や海岸近くの構造物では海水に含まれる**塩化物イオン**がコンクリート中に浸入してきます。また、海から遠い内陸部であっても、道路で使用する凍結防止剤には塩化物が含まれています。塩化物イオンはコンクリート中の鋼材の位置にたどりつくと、不動態皮膜を破壊してしまいます。すなわち、鋼材の腐食が始まります（図5・32および図5・33）。このように外部から入ってくる塩化物に対しては、中性化と同じように水セメント比を小さくして空隙構造を緻密にすることが錆の発生を防止するうえで重要です。

しかし、塩化物は外から入ってくるものばかりとは限りません。細骨材に海砂を使用している場合、しっかり水洗いをしていないものを使用すると最初

> **解説 ♦ 耐久性をコントロールするポイントは良質な骨材と水セメント比‼**
>
> 　コンクリートを劣化させたり、鋼材を腐食させたりする原因とそのメカニズムを考えてきましたが、共通項があることに気づいた人もいるでしょう。アルカリシリカ反応を除いたほとんどのコンクリート構造物の劣化は、接着剤であるセメントペーストや骨材中に存在する空隙に関係しているということです。そして、いずれもこの空隙を減少させることで劣化や腐食を抑制することにつながるということになります。
>
> 　つまり、コンクリート構造物を長生きさせるためには、まず、空隙の少ない良質な骨材を使うことです。したがって、4章で説明した骨材の品質が重要になります。さらに接着剤であるセメントペーストの空隙を減らすことも重要になります。そのためには水セメント比を小さくして緻密な組織をもつ接着剤にすることが効果的です。良質な骨材の使用と適切な水セメント比の選択、そして当然のことながら、丁寧な施工としっかりとした養生、これらが成し遂げられた時に長寿命コンクリート構造物が実現できるのです。

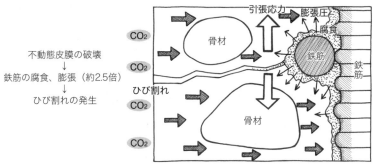

図5・31　中性化によるひび割れの発生

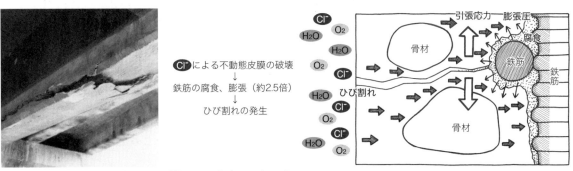

図5・32　塩害によるひび割れ（提供：コンクリート工学協会）　　図5・33　塩害のメカニズム

から塩化物を含んだコンクリートになります。また、混和剤の一部には塩化物イオンを含んでいるものもあります。現在では、できあがったコンクリートに最初から含まれている塩化物量の総量を規制することがおこなわれています。

4 コンクリートの配合設計

コンクリートはセメント、骨材、混和材料に水を加え、練混ぜることによってつくられます。これまで述べてきたように、練り混ぜたコンクリートのさまざまな性質には水の量や水セメント比が大きく影響しています。すなわち、コンクリートを構成する材料の比率はしっかりとした設計に基づいて決定する必要があります。要求されるワーカビリティ、強度、耐久性を満たすコンクリートを経済的に得られるようにセメント、水、骨材および混和材料の比率を決定することを**配合設計**といいます。料理に例えると、配合設計とはレシピを決めることになります。

料理のレシピでも4人分あたり100gというようないい方をしますが、基本となる量が決まっていないと混乱が生じます。コンクリートの場合ではコンクリート$1m^3$あたりというのが基本となります。すなわち、配合設計とはコンクリート$1m^3$あたりの水、セメント、粗骨材、細骨材および混和剤の質量（それぞれ単位水量、単位セメント量、などといいます）を決めることです。"設計"というと難しそうに聞こえますが、何はともあれ配合設計をやってみましょう。その過程で必要な情報について述べていきます。

配合設計をおこなう上では、まず、鉄筋の配置やかぶり（コンクリート表面から鉄筋表面までの距離）の寸法といった構造物の条件、気象条件、周囲の環境条件、現地で使用可能な骨材など、材料の条件を整理しておく必要があります。ここでは、図5・34に示す柱状の構造物を表5・2のような条件で施工する場合を考えましょう。

1 粗骨材最大寸法、空気量、スランプの決定

まず、最初に決定するのは**粗骨材最大寸法** G_{max} です。4章「骨材」で述べたように、粗骨材最大寸法が大きいほどコンクリート中のセメントペーストの量が少なくなるため、品質の良いコンクリートをつくることができます。しかし、図5・34に示すような鉄筋コンクリート部材の場合に、あまり大きな粗骨材を使用すると鉄筋の間に詰まってしまったり、モルタルばかりの部分ができたりと均質なコンクリートにはなりません。ですから、適切な大きさの骨材を使用することが重要となります。そこで表5・3に示す粗骨材最大寸法の標準を整理した表があります。この表を使いましょう。構造条件を考えると鉄筋コンクリートの一般の場合に相当するので、G_{max} を20mmと決定します。表5・2に示す現地で入手できる骨材と条件が一致しました。

次に**空気量**を決定します。先述したようにAE剤を使用して空気量を増やすと、フレッシュコンクリートの**分離抵抗性**が高まるなど、**プラスティシティ**が良好になります。また、5.3「コンクリートの耐久性」で述べたように、空気は凍結融解作用を受ける場合に圧力を緩和する役割を果たすので、寒冷地では空気量を多くすることが効果的です。しかし、多ければ良いというものではなく、空気量が増加すると硬化コンクリートの強度が低下する原因となります。空気量もやはり適度な量とする必要があります。以上を考慮した空気量の一般的な範囲は4〜7%で、寒冷地の場合にはやや大きめとします。今回の条件は暖地であるため空気量は5%でじゅうぶんと考えられます。

スランプは、フレッシュコンクリートの主に**コンシステンシー**（5.1「フレッシュコンクリート」参照）、すなわち軟らかさを評価する試験です。スランプが大きいほどコンクリートは軟らかく、施工現場で型枠に詰めたり、鉄筋の間を通して充填させる作業がやりやすくなりますが、軟らかいコンクリー

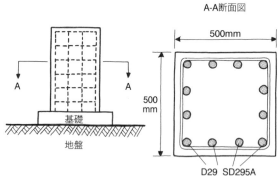

図5・34 構造物の形状・寸法

表5・2 設計条件

対象構造物	河川内に建設される鉄筋コンクリート橋脚の角柱（部材最小寸法 500mm、鉄筋の最小あき 50mm、かぶり 50mm）
設計基準強度	$f_{ck} = 24\text{N/mm}^2$
環境条件	暖地の内陸部にあり、気温が氷点下になることはほとんどない
使用材料の性質	
セメント	普通ポルトランドセメント（密度：3.15g/cm³）
細骨材	陸砂（F.M.: 2.70、密度：2.62g/cm³）
粗骨材	砕石（密度：2.67g/cm³、$G_{max} = 20\text{mm}$）
混和剤	AE減水剤
強度とセメント水比との関係式	$f_c = -12.2 + 21.4 \times C/W$
変動係数	$V = 10\%$

表5・3 粗骨材の最大寸法

構造物種類	粗骨材の最大寸法（mm）
一般の場合	20または25
断面が大きい場合	40
無筋コンクリート	40 部材最小寸法の1/4を超えてはならない

（出典：『コンクリート標準示方書』土木学会）

表5・4 スランプの標準値

種類		スランプ（cm）	
		通常のコンクリート	高性能AE減水剤を用いたコンクリート
鉄筋コンクリート	一般の場合	5〜12	12〜18
	断面の大きい場合	3〜10	8〜15
無筋コンクリート	一般の場合	5〜12	—
	断面の大きい場合	3〜8	—

（出典：『コンクリート標準示方書』土木学会）

トほど一般的には粘性が低下し、分離しやすいコンクリートになってしまいます。スランプについても適切な範囲で設定する必要があります。表5・4にスランプの標準値を示します。今回の条件に照らし合わせると、鉄筋コンクリートの一般の場合としてスランプ5〜12cmが標準となります。ここではスランプ10cmと決定します。

2 水セメント比（W/C）の決定

これまでにも述べてきましたが、**水セメント比**はコンクリートの強度、耐久性に大きな影響を与えるほか、貯水設備の漏水に関係する水密性にも影響します。すなわち、コンクリートの水セメント比を決定するのは図5・35に示す3つの要因ということになります。これらすべての要因に対する要求を満足させる必要がありますから、それぞれの要因から決まる水セメント比のうち最小の値を選ぶ必要があります。

①強度からの水セメント比の決定

5 2 「硬化コンクリート」で述べたように、水セメント比は、いわば接着剤の濃さを示すのでコンクリートの強度をコントロールするうえで重要な鍵となります（図5・36）。この時、図5・37に示すように水セメント比の逆数（C/W；セメント水比）と圧縮強度との関係を明確にしておけば便利です。実際にコンクリートを製造する工場（レディーミクストコンクリート工場といいます）では、試験によって求められた信頼度の高い C/W と圧縮強度の関係式がつくられています。ここでも C/W と圧縮強度の関

解説 ♠ 施工条件にあわせたスランプの選定

配合設計にあたって、表にはスランプとしてかなり大雑把な標準値を示しましたが、実際のコンクリートの施工では鉄筋が密に配置されているのか、それともまばらなのかといった構造物の条件や、作業者がどのような位置からコンクリートの締固め作業をおこなうのかといった施工の条件によって、充填に必要な軟らかさが変わってくるはずです。『コンクリート標準示方書』では、右表に示すように鋼材（鉄筋）の最小あきや締固め作業高さに応じて必要な最小スランプの目安が示されています。

また、フレッシュコンクリートは変化しないと思う人がいるかもしれませんが、フレッシュコンクリートという段階は、コンクリート中の水とセメントが出会い、練混ぜられ水和反応を起こしていく最初の段階になります。これから反応が進み強度をもつような物体になる途上ですから、フレッシュコンクリートが徐々に硬くなっていっても不思議ではありません。一般的には練混ぜられてから実際に型枠に投入されるまでの間に、スランプが低下、すなわち、硬くなるという現象が起こります。『コンクリート標準示方書』では、スランプの時間的変化を考えて、練り上がり直後のコンクリートのスランプを決定することを推奨しています。

実務に携わり、施工する構造物の条件や、コンクリートを施工する計画が明確にできる場合には、以上のような考え方を取り入れてスランプを決定するのが良いでしょう。

はり部材における打込みの最小スランプの目安（cm）

鋼材の最小あき（mm）	締固め作業高さ[1]		
	0.5m 未満	0.5m 以上〜1.5m 未満	1.5m 以上
150 以上	5	6	8
100 以上〜150 未満	6	8	10
80 以上〜100 未満	8	10	12
60 以上〜80 未満	10	12	14
60 未満	12	14	16

[1]：締固め作業高さ別対象部材例
・0.5m 未満：小ばりなど、0.5m 以上から1.5mm 未満：標準的なはり部材、1.5m 以上：ディープビームなど
・φ40mm 程度の棒状バイブレータを挿入でき、十分に締め固められると判断できるか否かに基づいて打込みの最小スランプを選定する
　（ⅰ）十分な締固めが可能であると判断される場合は、打込みの最小スランプを14cmとする
　（ⅱ）十分な締固めが不可能であると判断される場合は、高流動コンクリートを使用する
・スランプが21cmを超えるような場合、所要の材料分離抵抗性を確保し密実に充填するために、高流動コンクリートを使用するのがよい

各施工段階の設定スランプとスランプ経時変化の関係

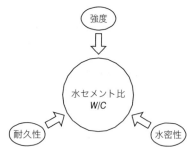

図5・35 水セメント比を決める3つの要因

図5・36 水セメント比（W/C）

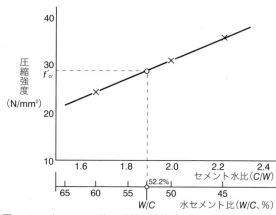

図5・37 水セメント比の逆数と圧縮強度との関係

$$f'_{cr} = \alpha f'_{ck} \quad (5.4)$$

割増し係数αは、図5・38から以下のように求められます。

$$f'_{ck} = f'_{cr} - k\sigma = f'_{cr}(1 - k\sigma/f'_{cr}) \quad (5.5)$$

$$f'_{ck} = f'_{cr}(1 - 1.645 \times V/100) \quad (5.6)$$

$$\alpha = 1/(1 - 1.645 \times V/100) \quad (5.7)$$

また、これを図示すると、**変動係数**Vの関数として図5・39のようになります。この図から、変動係数が大きい、すなわち管理状態があまり良くなくて強度のばらつきが大きい場合には、割増し係数を大きくする必要があることがわかります。

今回の構造物の条件を入れてみましょう。表5・2の条件では変動係数$V = 10\%$であるため、式（5.7）または図5・39より読み取って割増係数αは1.20ということになります。すなわち、$f'_{cr} = 1.20 \times 24 = 28.8\text{N/mm}^2$となります。$f'_c = f'_{cr}$として式（5.3）に代入することによって$C/W$を求め、その逆数をとって水セメント比を求めると$W/C = 52.2\%$となります。これがコンクリートの強度からの水セメント比の決定です。

係式として式（5.3）が与えられているとしましょう。

$$f'_c = -12.2 + 21.4\, C/W \quad (5.3)$$

表5・2より、設計上求められている強度（**設計基準強度**）は$f'_{ck} = 24\text{N/mm}^2$です。では、式（5.2）の$f'_c = f'_{ck}$として$C/W$を求め、その逆数をとって水セメント比（$W/C$）を求めれば良いのでしょうか？ 答えは否です。コンクリートの強度は、材料の**品質管理**や製造管理がじゅうぶんにおこなわれたとしても必ず**変動**します。その変動については**正規分布**を仮定することができます。$f'_c = f'_{ck}$、すなわち設計基準強度を分布の平均値とした場合には、図5・38に示すように設計基準強度を下回る確率が50%になってしまいます。つまり、設計で要求した強度を50%の確率で下回ってしまうことになります。これでは設計が成立しません。そこで、土木学会の『コンクリート標準示方書』では図5・38に示すように設計基準強度を下回る確率が5%以下になるように定められています。分布の平均値である目標とするコンクリートの強度f'_{cr}は、式（5.4）で示すように設計基準強度を割り増した強度になります。

②**耐久性からの水セメント比の決定**

5 3 「コンクリートの耐久性」で述べてきましたが、アルカリシリカ反応を除くと、耐久性を向上させるためには良質な骨材を使用したうえで水セメント比を小さくすることが効果的です。『コンクリート標準示方書』には**凍結融解作用**が考えられる場合の水セメント比の上限（表5・5）、**塩害**や**硫酸塩**による**侵食**が考えられる**海洋構造物**に対する水セメント

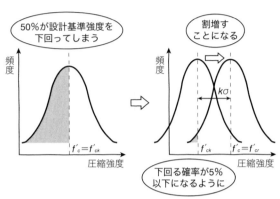

図5・38 目標とするコンクリート強度 f'_{cr} の決め方

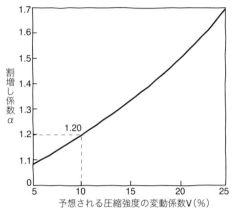

図5・39 変動係数と割増係数との関係（出典：『コンクリート標準示方書』土木学会）

解説 ♠ レディーミクストコンクリートと呼び強度

　現在では、施工者が自らコンクリートを練り混ぜることは少なくなり、コンクリートの製造を専門とする工場から施工者が購入することがほとんどとなっています。このようなコンクリートをレディーミクストコンクリートといい、JIS A 5308 に品質規格が定められています。レディーミクストコンクリートは表に示すように呼び強度やスランプなどによって分けられたコンクリートのラインナップのなかから、施工者が条件に合致するコンクリートを選び、注文するシステムになっています。ここで、呼び強度とは、20℃の水中養生をおこなった材齢 28 日のコンクリート強度に対して、

　①1 回の試験結果は、購入者が指定した呼び強度の 85% 以上でなければならない

　②3 回の試験結果の平均値は、購入者が指定した呼び強度以上でなければならない

という 2 つの条件を満足するように設定した強度のことであり、本書で示した設計基準強度とは異なるものです。したがって、強度の割増し係数の考え方が異なりますが、良好な管理がおこなわれ、変動係数が 10% 未満である工場の場合には、結果として設計基準強度に対する割増し係数と呼び強度に対する割増し係数はほぼ同じになります。すなわち、一般的に施工者は、設計図書に示されている設計基準強度と同じ呼び強度（例えば設計基準強度が 24N/mm² であるなら、呼び強度 24）を指定すれば良いということになります。

レディーミクストコンクリートの種類

	粗骨材の最大寸法（mm）	スランプ又はスランプフロー（cm）	呼び強度												曲げ4.5
			18	21	24	27	30	33	36	40	42	45	50	55	60	
普通コンクリート	20、25	8、10、12、15、18	○	○	○	○	○	○	○	○	—	—	—	—	—	—
		21	—	○	○	○	○	○	○	○	—	—	—	—	—	—
	40	5、8、10、12、15	○	○	○	○	○	—	—	—	—	—	—	—	—	—
軽量コンクリート	15	8、10、12、15、18、21	○	○	○	○	○	○	○	—	—	—	—	—	—	—
舗装コンクリート	20、25、40	2.5、6.5	—	—	—	—	—	—	—	—	—	—	—	—	—	○
高強度コンクリート	20、25	10、15、18	—	—	—	—	—	—	—	—	—	○	○	—	—	—
		50、60	—	—	—	—	—	—	—	—	—	—	○	○	○	—

（出典：JIS A 5308、2014）

表 5·5 コンクリートの凍結融解抵抗性をもととして水セメント比を定める場合における、AE コンクリートの最大の水セメント比（%）

構造物の露出状態	気象条件	気象作用が激しい場合、または凍結融解がしばしば繰り返される場合		気象作用が激しくない場合、氷点下の気温となることがまれな場合	
	断面	薄い場合*2	一般の場合	薄い場合*2	一般の場合
	(1) 連続してあるいはしばしば水で飽和される場合*1	55	60	55	65
	(2) 普通の露出状態にあり、(1)に属さない場合	60	65	60	65

*1：水路、水槽、橋台、橋脚、擁壁、トンネル覆工等で水面に近く水で飽和される部分および、これらの構造物のほか、桁、床版等で水面から離れてはいるが融雪、流水、水しぶき等のため、水で飽和される部分など
*2：断面厚さが 20cm 程度以下の構造物の場合など

（出典：『コンクリート標準示方書』土木学会）

比の上限（表 5·6）が準備されており、これらの環境にさらされる場合の標準的な水セメント比の決定がおこなえるようになっています。

今回の構造物にこれらの表を適用してみましょう。構造物は暖地に建設される橋脚の角柱です。表 5·5 中では、「氷点下の気温となることがまれな場合」に対応します。断面は最小部分でも 50cm 以上ということですので「一般の場合」になります。構造物が河川中に建設される橋脚であるため「連続してあるいはしばしば水で飽和される部分」ということになります。ここから水セメント比の上限は 65% と読み取れます。構造物は海洋構造物ではなく内陸部に建設されますので表 5·6 の適用はなさそうです。ただし、表 5·6 に関しては、内陸部にあって海水に接していなくても次のような場合には適用されることになります。

①硫酸塩を 0.2% 以上含む土や水に接するコンクリート構造物の場合は表 5·6 の (c) の値以下とする
②融氷剤を用いることが予想されるコンクリート構造物の場合は表 5·6 の (b) の値以下とする

①は温泉地の構造物や工場排水などが適用の対象となります。また、②は寒冷地の道路構造物や山中の橋梁などが適用の対象となるので注意が必要です。

今回の構造物では、耐久性から決まる水セメント比は $W/C = 65\%$ ということになりました。

③水密性から決まる水セメント比

水密性とは水を漏らさない性質のことで、上下水

表 5·6 耐久性から定まる AE コンクリートの最大水セメント比（%）

環境区分	施工条件	一般の現場施工の場合	工場製品、または材料の選定および施工において、工場製品と同等以上の品質が保証される場合
(a) 海上大気中		45	50
(b) 飛沫帯		45	45
(c) 海中		50	50

*実績、研究成果等により確かめられたものについては、耐久性から定まる最大の水セメント比を、上記の値に 5〜10 加えた値としてよい

（出典：『コンクリート標準示方書』土木学会）

道の処理施設、防火水槽、プールなどの貯水する施設をコンクリートでつくる場合に要求される性質です。もちろんひび割れがあればそこから水が漏れてしまいますが、ここでいう水密性とはひび割れのない状態でコンクリートを通して漏水すること、すなわち透水現象のことをいいます。ひび割れからの漏水は別途対策を講じることとして、ここではコンクリート自体の透水性を制御する場合を指しています。コンクリートの水密性が要求される場合の水セメント比の上限として『コンクリート標準示方書』では 55% という値が設定されています。

今回、配合設計をおこなう構造物は橋脚であり、貯水機能を求められる構造物ではないため、水密性に関する水セメント比の決定は必要ないということになります。

以上を整理しますと、強度から決定される水セメント比が 52.2%、耐久性から決まる水セメントが 65%、水密性に関する要求はない、ということになりますので、今回の配合設計で選定すべき水セメン

ト比は最小の 52.2% ということになります。

3 単位水量(W)および細骨材率(s/a)の決定

単位水量(W)はコンクリート $1m^3$（$1000ℓ$）中の水の質量のことをさします。ここで出てくる水、セメント、細骨材、粗骨材の量は全てコンクリート $1m^3$（$1000ℓ$中）の質量ということで、単位水量(W)、単位セメント量(C)などといいます。

また、**細骨材率**（s/a）とは骨材全体のなかで細骨材の占める体積の割合のことをいいます（図5・40）。ここで、単位水量（W）は、できるだけ小さく設定する必要があります。単位水量（W）が大きくなると、5❷「硬化コンクリート」で述べたように乾燥収縮が増大することになります。また、強度や耐久性などから決まる水セメント比を確保する必要がありますから、結果的に単位セメント量が増大し、5❸「コンクリートの耐久性」で述べた水和熱の発生が大きくなり、ひび割れ発生の危険度が高まるからです。しかし、むやみに小さくしすぎるとワーカビリティが低下し、フレッシュコンクリートの状態での運搬、打込み、締固め、養生という一連の作業がおこなえなくなってしまい、結果的に品質の悪い構造物になってしまいます。すなわち、良好なワーカビリティを確保したうえで単位水量（W）をできるだけ小さく設定する必要があるといえます。

ワーカビリティのうち、**コンシステンシー**を司るのが**単位水量**（W）です。また、コンシステンシーに加えてもう1つの重要な性質である**プラスティシ**ティを司るのが**細骨材率**（s/a）ということになります。したがって、単位水量（W）と細骨材率（s/a）の決定は、フレッシュコンクリートの施工性能を決定することになります。

この決定はひじょうに難しい作業ですが、『コンクリート標準示方書』には表5・7が用意されています。この表は、適切なワーカビリティを実現するための単位水量（W）と細骨材率（s/a）の組合せの標準的な値を示したものです。そして、この標準的な組合せの条件となっている細骨材の粗粒率や空気量などと異なる場合の補正についても示されています。洋服をイージーオーダーでつくる場合を考えてみてください。イージーオーダーの特徴は、まず、身長に応じた標準的な体型にフィットする服があり、実際に購入する人の体型にあわせて、標準的な服の腕の長さを短くしたり、股下を長くしたりといった調整をするシステムにあります。それと同様に、まずは標準的な配合があって、その配合の条件と異なる部分を調整して適度なワーカビリティを実現しようとするシステムなのです。

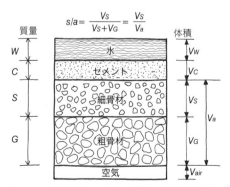

図5・40　コンクリート $1m^3$ 中の質量の比率と体積の比率

> **解説 ♠ 設計時に構造物の耐久性能を設定して照査をおこなう技術**
>
> 本書では、耐久性の水セメント比の決定を、条件に応じて一覧表から選定する経験則に基づく方法でおこないました。しかし、5❸「コンクリートの耐久性」で学んだように表5・5に関係する塩害の場合には、コンクリートの空隙構造を通過してきた塩化物イオンがコンクリート中に浸入し鉄筋位置の不導態皮膜が破壊され腐食が起こります。鉄筋位置の塩化物イオン濃度がある限界値を越えると腐食が発生するとしたなら、外部から浸入してきた塩化物イオンがコンクリート中を移動し、何年後に鉄筋位置の塩化物イオン濃度が限界値に達するということをシミュレーションし、その結果、設定した耐用期間限界値を越えるのか否かを検討するのが耐久性の設計の本筋ではないでしょうか。多くの研究の成果によって、このような技術、すなわち「構造物の耐久性能を設定して照査をおこなう技術」が現実のものになりつつあります。詳しくは『コンクリート標準示方書』を参照してください。

表5·7の下表が、標準とは異なる部分を調整するための補正表です。単位水量（W）の補正はコンシステンシーの補正、すなわち、軟らかさの補正を意味します。例えば、スランプはまさにコンシステンシーを評価する試験ですから、このスランプを1cm大きくしたい、すなわち、軟らかいコンクリートにしたい時には単位水量（W）を1.2%増加させる必要があることが示されています。また、コンクリート中に連行された空気は**独立気泡**であり、フレッシュコンクリートに力が加えられるとこの気泡がボールベアリングのように容易に回転するためコンクリートがスムーズに動きます。すなわち、空気量が増えると動きやすくなり、軟らかすぎるコンクリートになってしまいます。そこで、空気量を多くしたうえで標準のコンシステンシーを実現するためには軟らかさを減らす、すなわち、単位水量（W）を減少させる必要があるということになります。

細骨材率（s/a）の補正はコンシステンシーとプラスティシティの補正です。すなわち、適度な粘り気を実現するための補正です。コンクリートは、粗骨材からセメント粒子まで大小さまざまな固体粒子で構成されています（図5·41）。粘り気というのは、これら固体粒子どうしのぶつかり具合や固体と水という液体の接触の様子によって影響を受けることから粒子の全表面積に関係があることがわかります。一般に大きな粒子が多く、小さな粒子が少なくなると粒子の全表面積が減少し、粘り気がなくなります。標準的な粘り気よりも少ない場合であれば、何らかの方法で粒子の全表面積を調整し、標準的な粘り気に近づける必要が出てきます。そこで、調整手段として効果的なのが細骨材率（s/a）を補正することなのです。

細骨材率（s/a）とは骨材全体のなかで細骨材の占める体積の割合のことです。すなわち、細骨材率

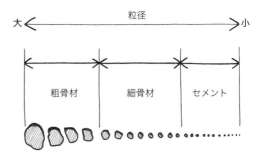

図5·41　コンクリート中に含まれる様々なサイズの粒子

表5·7　コンクリートの単位粗骨材かさ容積、細骨材および単位水量の概略値

粗骨材の最大寸法 (mm)	単位粗骨材かさ容積 (m^3/m^3)	空気量 (%)	AEコンクリート			
			AE剤を用いる場合		AE減水剤を用いる場合	
			細骨材率 s/a (%)	単位水量 W (kg)	細骨材率 s/a (%)	単位水量 W (kg)
15	58	7.0	47	180	48	170
20	62	6.0	44	175	45	165
25	67	5.0	42	170	43	160
40	72	4.5	39	165	40	155

(1) この表に示す値は、全国の生コンクリート工業組合の標準配合などを参考にして決定した平均的な値で、骨材として普通の粒度の砂（粗粒率2.80程度）および砕石を用い、水セメント比0.55程度、スランプ約8cmのコンクリートに対するものである
(2) 使用材料またはコンクリートの品質が(1)の条件と相違する場合には、上記の表の値を下記により補正する

区分	s/aの補正（%）	Wの補正
砂の粗粒率が0.1だけ大きい（小さい）ごとに	0.5だけ大きく（小さく）する	補正しない
スランプが1cmだけ大きい（小さい）ごとに	補正しない	1.2%だけ大きく（小さく）する
空気量が1%だけ大きい（小さい）ごとに	0.5〜1だけ小さく（大きく）する	3%だけ小さく（大きく）する
水セメント比が0.05大きい（小さい）ごとに	1だけ大きく（小さく）する	補正しない
s/aが1%大きい（小さい）ごとに	―	1.5kgだけ大きく（小さく）する
川砂利を用いる場合	3〜5だけ小さくする	9〜15kgだけ小さくする

なお、単位粗骨材容積による場合は、砂の粗粒率が0.1だけ大きい（小さい）ごとに単位粗骨材容積を1%だけ小さく（大きく）する

（出典：『コンクリート標準示方書』土木学会）

(s/a) を大きくすると比較的小さな粒子の割合が増えるため、コンクリート全体の粘り気は増えます。逆に細骨材率 (s/a) を小さくすると粘り気は減少することになります。この性質を利用してプラスティシティの補正をおこなっているのです。例えば、細骨材の粗粒率が大きくなる、すなわち、細骨材のなかで大きな粒子が増加すると粘り気が減少します。また、水セメント比が大きくなるということは相対的にセメントという小さな粒子が減少するので、やはり粘り気が減少します。さらに、空気の独立気泡は小さな粒子が含まれているのと同じことになるため、空気量が減少するとやはり粘り気が減少してしまいます。このような場合にはいずれも細骨材率 (s/a) を大きくするということで標準の粘り気を実現でき、具体的に何%増やせば良いのかが計算できるようになっているのです。

表 5·8 に今回の配合設計の条件における単位水量 (W) と細骨材率 (s/a) の補正計算を示します。単位水量 (W) は 174kg、細骨材率 (s/a) は 44.7% と決定しました。

4 単位量の決定

単位水量 (W) は 174kg と決定しました。水セメント比 (W/C) は 52.2% とすでに決定していますので単位セメント量 C は

$$C = 174\text{kg}/0.522 = 333 \text{ kg} \quad (5.8)$$

と決定できます。残りは単位粗骨材量 G と単位細骨材量 S の決定です。先述したように、配合設計とはコンクリート 1m³ すなわち 1000ℓ 中の各単位量の決定をおこなうことです。図 5·40 をもとに、現在わかっている情報から粗骨材と細骨材の合計の体積を求めてみましょう。この時質量から体積に変換する必要があります。この変換に必要なのが密度 (g/cm³ = kg/ℓ) です。単位セメント量、単位水量をそれぞれセメントの密度、水の密度で割ることによって体積に変換できます。空気量はコンクリート 1000ℓ の 5%、すなわち 50ℓ ですから、次のように粗骨材と細骨材の合計の体積が求まります。

$$V_a = V_s + V_g = 1000\ell - (174\text{kg}/1.0\text{kg}/\ell + 333\text{kg}/3.15\text{kg}/\ell + 50\ell) = 670\ell \quad (5.9)$$

粗骨材と細骨材の合計の体積の 44.7% が細骨材の体積(細骨材率の定義です)ですから、単位細骨材量 S は、

$$S = 670\ell \times 44.7/100 \times 2.62\text{kg}/\ell = 785\text{kg} \quad (5.10)$$

単位粗骨材料 G は、

$$G = 670\ell \times (1 - 44.7/100) \times 2.67\text{kg}/\ell = 989\text{kg} \quad (5.11)$$

となります。混和剤は AE 減水剤を使用するので使用量は単位セメント量の 0.25% とします。

これで配合設計が終了しましたが、表示の方法には決まりがあり、表 5·9 のように表示する必要があ

表 5·8 細骨材率および単位水量の補正

概略値　s/a = 45%、W = 165kg（表 5·7 より）
⇩

	(表 5·7) 標準配合	設計条件	s/a の補正	W の補正
砂の粗粒率	2.80	2.70	(2.70 − 2.80) × 0.5%/0.1 = − 0.5%	—
スランプ	8cm	10cm	—	(10cm − 8cm) × 1.2%/1cm = +2.4%
空気量	6.0%	5.0%	(5.0% − 6.0%) × (− 0.75%/1%) = +0.75%	(5.0% − 6.0%) × (− 3%/1%) = +3%
水セメント比	0.55	0.522	(0.522 − 0.55) × 1%/0.05 = − 0.56%	—
計			− 0.31%	+5.4%

∴ s/a = 45 − 0.31 ≒ 44.7% W = 165kg + 165kg × 5.4%/100 = 174kg

ります。これを**計画配合**といいます。なお、単位水量（W）、単位セメント量（C）などは、コンクリート $1m^3$ 中の質量という意味で、kg/m^3 という単位を慣用的に使用しています。先述した密度や単位体積質量とは異なるものですので注意してください。

5 配合の修正

計画配合ができたわけですが、これでコンクリートの配合が決まったわけではありません。洋服のイージーオーダーの話が出てきましたが、洋服もできあがったらお客さんに着衣してもらって最終の微調整をおこなってようやくできあがりになります。コンクリートも同じです。机上で配合設計したコンクリートを試しに練り混ぜてみて、設計条件どおりであるかどうかを確認し、必要に応じて配合の修正をおこなうことになります。

今、表5・9の計画配合を試しに練り混ぜてみたところ、スランプが8cm、空気量が3.5%になったとします。設計条件がスランプ10cm、空気量5%ですから、スランプは2cm増加させ、空気量を1.5%増加させることになります。修正計算は表5・10のとおり

です。単位水量（W）は170kg、細骨材率（s/a）は43.6%に修正することになりました。

水セメント比52.2%は変える必要はありませんので、ここからの計算は同じです。

単位セメント量は、

$$C = 170\text{kg}/0.522 = 326\text{kg} \quad (5.12)$$

と決定できます。粗骨材と細骨材の合計の体積は次のように求まります。

$$V_a = V_s + V_g = 1000\ell - (170\text{kg}/1.0\text{kg}/\ell + 326\text{kg}/3.15\text{kg}/\ell + 50\ell)$$
$$= 677\ell \quad (5.13)$$

単位細骨材量 S は、

$$S = 677\ell \times 43.6/100 \times 2.62\text{kg}/\ell = 773\text{kg} \quad (5.14)$$

単位粗骨材量 G は、

$$G = 677\ell \times (1 - 43.6/100) \times 2.67\text{kg}/\ell$$
$$= 1019\text{kg} \quad (5.15)$$

となります。

修正した配合を表5・11に**修正配合**として示しま

表5・9 計画配合

粗骨材の最大寸法（mm）	スランプ（cm）	水セメント比W/C(%)	空気量 Air（%）	細骨材率 s/a（%）	単位量（kg/m³）				混和剤
					水 W	セメント C	細骨材 S	粗骨材 G	AE減水剤 g/m³
20	10	52.2	5.0	44.7	174	333	785	989	833

表5・10 試し練り結果による細骨材率および単位水量の修正

計画配合 s/a = 44.7%, W = 174kg				
	試し練り	設計条件	s/a の補正	W の補正
スランプ	8cm	10cm	—	(10cm − 8cm) × 1.2%/1cm = +2.4%
空気量	3.5%	5%	(5.0% − 3.5%) × (−0.75%/1%) = −1.125%	(5.0% − 3.5%) × −3%/1% = −4.5%
計			−1.125%	−2.1%

$$\therefore s/a = 44.7 - 1.125 \fallingdotseq 43.6\%$$
$$W = 174\text{kg} + 174\text{kg} \times (-2.1/100) = 170\text{kg}$$

表5・11 修正配合

粗骨材の最大寸法（mm）	スランプ（cm）	水セメント比W/C(%)	空気量 Air（%）	細骨材率 s/a（%）	単位量（kg/m³）				混和剤
					水 W	セメント C	細骨材 S	粗骨材 G	AE減水剤（g/m³）
20	10	52.2	5.0	43.6	170	326	773	1019	815

表 5·12　現場配合①

粗骨材の最大寸法 (mm)	スランプ (cm)	水セメント比 W/C (%)	空気量 Air (%)	細骨材率 s/a (%)	単位量 (kg/m³)				混和剤
					水 W	セメント C	細骨材 S	粗骨材 G	AE 減水剤 (g/m³)
20	10	52.2	5.0	43.6	154	326	786	1022	815

表 5·13　現場配合②

粗骨材の最大寸法 (mm)	スランプ (cm)	水セメント比 W/C (%)	空気量 Air (%)	細骨材率 s/a (%)	単位量 (kg/m³)				混和剤
					水 W	セメント C	細骨材 S	粗骨材 G	AE 減水剤 (g/m³)
20	10	52.2	5.0	43.6	154	326	802	1006	815

す。

6 現場配合

設計した配合を実際の現場施工に適用するためには、さらに考えておくべき問題が2つあります。

①配合設計では、粗骨材と細骨材は**表乾状態**であると考えていますが、実際には、表面に水分のついた、すなわち、**表面水**を含んだ状態になっているという問題が1つ。

それから、②粗骨材として使用される砂利や砕石のなかには5mm以下のものが含まれ、細骨材として使用される砂のなかには、5mm以上のものが含まれるという問題です。

この2つは、計算によって補正することができます。以下に例題を示します。

例題①

表5·11の修正配合を用いて施工をおこなう際、粗骨材に0.3%の表面水が、細骨材には1.7%の表面水が含まれることがわかった。現場配合を求めなさい。

解答

現場配合の単位水量を W'、単位粗骨材量を G'、単位細骨材量を S' とすると、

$$G' = G + G \times 0.3/100$$
$$= 1019\text{kg} + 1019\text{kg} \times 0.3/100$$
$$= 1022\text{kg}$$

$$S' = S + S \times 1.7/100$$
$$= 773\text{kg} + 773\text{kg} \times 1.7/100$$
$$= 786\text{kg}$$

$$W' = W - G \times 0.3/100 - S \times 1.7/100$$
$$= 170\text{kg} - 1019\text{kg} \times 0.3/100 - 773\text{kg} \times 1.7/100$$
$$= 154\text{kg}$$

表5·12に現場配合①として示します。

例題②

表5·12の現場配合①で施工をおこなおうとしたところ、粗骨材の中に5mm以下のものが4%、細骨材の中に5mm以上のものが7%含まれることがわかった。修正した現場配合を求めなさい。

解答

現場配合の単位粗骨材量を G'、単位細骨材量を S' とすると、

$$G' \times (1 - 4/100) + S' \times 7/100 = G = 1022\text{kg}$$
$$G' \times 4/100 + S' \times (1 - 7/100) = S = 786\text{kg}$$

これを連立方程式として G'、S' を求めると修正した現場配合となります。表5·13に現場配合②として示します。

5 施工に留意が必要なコンクリート

コンクリート構造物をつくるのは一般に屋外です。日本には四季がありますが、暑い季節、寒い季節にもコンクリート工事はおこなわれます。これまで述べてきたようにセメントの水和反応が温度によって影響を受けたり、氷点下の条件では凍害の発生が懸念されたりと、季節や気象の条件はコンクリートの性質に影響を及ぼします。施工時の条件に応じて、コンクリートの施工に必要となる留意点をまとめてみました。

1　暑中コンクリート

　夏の施工でコンクリート温度が高くなることが懸念されるコンクリートを**暑中コンクリート**と呼んでいます。温度が高い状態になるとセメントの水和反応の速度は大きくなり、その結果、凝結硬化が速くなります。施工中のフレッシュコンクリートの性質としては、**スランプの低下**が大きくなります。スランプの低下が大きくなると型枠内に打込んだコンクリートの流動が悪くなるため、充填不良が起こりやすくなります（図5·42）。また、先に打込んだコンクリートの**凝結**が速くなると、後から打込んだコンクリートとの接着が悪くなり、隙間があいてしまう**コールドジョイント**という現象（図5·43）も発生しやすくなります。さらには、後述する**温度ひび割れ**という現象も発生しやすくなります。このため、『コンクリート標準示方書』では日平均気温が25℃以上となる場合の施工では暑中コンクリートとして配慮するように定められ、打込み時のコンクリート温度が35℃以下となるように規定されています。そのための対策として以下のような方法がとられています。

配合上の対策
- **遅延形の混和剤**を使用し、スランプの低下を抑制する

製造時の対策
- 比熱の大きな練混ぜ水の温度を氷や冷水機を使用して低下させる
- 熱容量の大きな骨材の温度が上がらないように貯蔵施設に日覆いを設置したり、散水をおこなう

施工時の対策
- コンクリート打込み箇所に日覆いを設けたり、散水をおこない、型枠や鉄筋の温度を下げる
- コンクリートポンプによる施工をおこなう場合は、配管に散水をおこなうなどして温度を下げる
- コンクリートのプラントでの練混ぜから型枠内への打込み終了までの時間が90分をこえないような施工計画とする

2　寒中コンクリート

　暑中コンクリートとは正反対の真冬に施工をおこなうコンクリートのことです。コンクリートの温度が低くなるとセメントの水和反応の速度が遅くなり、コンクリートの強度の発現に時間がかかります。さらに、コンクリートが硬化途中で凍結すると著しく品質が損なわれてしまい、その後、養生をおこなっても元の性能が得られなくなってしまいます（図5·44）。この現象を初期凍害と呼んでいます。『コン

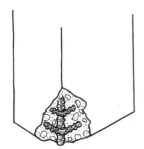

図5·42　コンクリートの充填不良

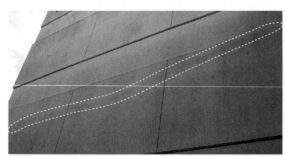

図5·43　コールドジョイント

図5·44　硬化途中での凍結は禁物

クリート標準示方書』では日平均気温が 4℃ 以下となる場合のコンクリートを**寒中コンクリート**と定義し、留意することが定められています。

|配合上の対策|

- **促進形の混和剤**を使用し、セメントの凝結を速める
- 早強セメントなどの硬化の早いセメントを使用する

|製造時の対策|

- 水や骨材を加熱してコンクリートの温度を上げる。この時、セメントを加熱すると急速に凝結を起こす可能性があるため、セメントは加熱してはならない

|施工時の対策|

- 『コンクリート標準示方書』に示されている表 5・1 にしたがって所定の日数、5℃ を下回らないように養生する
- 養生の方法としては、発泡スチロール板によって周囲と断熱状態にする養生や、型枠ごと覆ったうえでストーブやヒーターを用いて周囲の温度を強制的に上げる養生をおこなう

3　マスコンクリート

構造物の寸法が大きく温度ひび割れの発生を考慮して設計・施工する必要があるコンクリートを**マスコンクリート**と呼んでいます。

コンクリートの強度はセメントの水和反応によって発現していきますが、水和反応は化学反応であるため、反応熱（水和熱と呼びます）が発生します。水和熱は構造物の寸法が大きく、厚みがあるほど内部にたまり、結果として内部の温度が上昇していきます。内部は温度が高くなりますが、構造物の表面からは放熱し、表面近くの温度は内部に比べて低くなります。内部と表面近くに温度差が生じると、温度によって生じる膨張量が異なるため、表面近くでは引張応力が、内部では圧縮応力が発生することになります（図 5・45）。引張応力が引張強度を越えるとひび割れが発生することになります。これを**内部拘束型の温度ひび割れ**と呼んでいます。

また、構造物内部にたまった水和熱は時間をかけて放熱し、徐々に構造物の温度は降下していきます。最終的には外気温に近づくと考えて下さい。この時温度が上がって膨張していた構造物全体は温度が下がるに従って収縮することになります。構造物の変形を止めるものがなければ自由に収縮するだけですが、壁やはりは基礎や柱などに変形を拘束されています。拘束されているのに無理に収縮しようとするわけですから、反力として引張応力が生じます（図 5・46）。このようにして発生するひび割れを**外部拘束型の温度ひび割れ**と呼んでいます。

温度ひび割れの発生のメカニズムはかなり解明されており、『コンクリート標準示方書』でも**温度解析**および**温度応力解析**をおこない、温度ひび割れ発生の危険度を照査することが示されています。温度ひび割れを抑制する対策にはさまざまなものがありますが、照査をおこなうことによって対策の効果を予想しながら設計・施工することができるようになっているのです。ここでは、その対策について示します。

|配合上の対策|

- スランプを小さくしたり、高性能 AE 減水剤を使用してセメントの量を少なくする
- 低発熱型のセメントを使用して水和熱の発生を少なくする

|施工上の対策|

- プレクーリング（フレッシュコンクリートに液体窒素を吹付けることなど）によってコンクリートの打込み温度を下げる
- パイプクーリング（コンクリート内部にパイプを設置し、冷水を循環させる）によって温度上昇を抑える
- 発砲スチロールやエアバックといった**断熱材**を用いて保温し、内部と表面部の温度差を少なくすることによって内部拘束型の温度ひび割れの

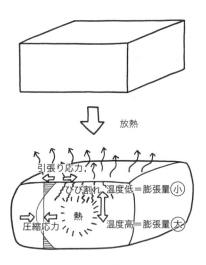

図5・45　内部拘束型の温度ひび割れ

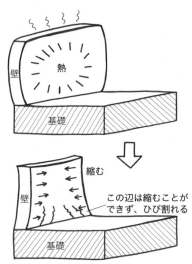

図5・46　外部拘束型の温度ひび割れ

発生を抑制する
- ひび割れを集中的に発生させる目地（**ひび割れ誘発目地**）を設置して外部拘束型の温度ひび割れが発生する場所を固定し、そのうえで確実なひび割れ補修をおこなう

解説 ♠ 巨大建造物に使用するコンクリート

巨大建造物の代表としてはダムが挙げられます。ダムは水をせき止める構造物で石や土でつくるダムとコンクリートでつくるダムがあります。一般的に基礎が強い岩盤の場合にはコンクリートダムにすることが多いようです。コンクリートダムは巨大な塊ですからマスコンクリートになります。一般的には次のような水和熱の低減対策をとっています。

① 大きさと重量で水をせき止める構造物であるため、単位面積あたりにかかる力は小さくなります。すなわち、強度は小さくでき、結果として発熱の原因となるセメント量を少なくすることができます
② ダムは鉄筋のない無筋構造物のため、骨材の最大寸法も普通の20mm程度のものではなく80mmや150mmという大きなものにできます。その結果、必要なセメントペースト量は減少し、セメント量を減らすことができます
③ さらに水和熱による温度を低減するため、コンクリート内にパイプを埋め込み、冷水を循環させて温度を下げるパイプクーリングや施工前のコンクリートに液体窒素を吹付けて冷やすプレクーリングなどをおこないます

演習問題 5-1　材料分離とブリーディングの違いを説明し、それぞれを要因として生じる初期欠陥を述べなさい。また、それらの欠陥を生じさせないようにするために施工上配慮すべき事柄を挙げなさい。

演習問題 5-2　以下に示す各項目がコンクリートの強度にどのように影響を及ぼすのかを説明しなさい。
(1) 水セメント比
(2) 養生環境（湿度）
(3) 養生環境（温度）

演習問題 5-3　一般にコンクリートの基準の強度として設計や管理に用いる養生期間は何日ですか？

演習問題 5-4　直径100mm×高さ200mmのコンクリートの円柱供試体を用いて圧縮試験および割裂試験をおこなった。次の問いに答えなさい。
(1) 圧縮試験の結果、最大荷重 $P_{c\,max}$ は218kNであった。このコンクリートの圧縮強度 f'_c を求めなさい。
(2) 割裂試験の結果、最大荷重 $P_{t\,max}$ は72kNであった。このコンクリートの引張強度 f_t を求めなさい。

演習問題 5-5　鉄筋コンクリートは鉄筋とコンクリ

ートを組み合わせて使用していますが、その理由を説明しなさい。

演習問題 5-6 コンクリートの圧縮強度とセメント水比の関係が式(a)であるとき、以下の条件を満足するコンクリートの配合表を完成させなさい。ただし、セメント、細骨材および粗骨材の密度をそれぞれ 3.15、2.55、2.65 g/cm³（骨材の密度は表乾密度）とする。粗骨材の最大寸法は 20mm とする。目標の空気量は 5.0%、スランプは 8.0cm とする。また、混和剤は使用しないものとする。

$$f'_c = -21.5 + 32.5\, C/W \qquad (a)$$

(1) 単位水量 165 kg/m³、細骨材率 45%、圧縮強度 30 N/mm² のコンクリート。ただし、p.94 の表 5・7 に示す概略値からの補正は必要ないものとする。

(2) (1)のコンクリートを練り混ぜたところ、空気量は 2.8%、スランプは 4.5cm であった。p.94 の表 5・7 に従って配合表を修正しなさい。ただし、空気量 1.0% の変動に対して s/a は 0.5% 補正することとする。

演習問題 5-7 コンクリートの円柱供試体に対して、圧縮力を持続的に作用させた場合、10 年後の変形量はどうなるかを説明しなさい。また、供試体の断面中央に鉄筋を挿入した場合、鉄筋の有無により 10 年後の変形量はどのように異なるかを考察しなさい。

演習問題 5-8 次の記述のうち、正しいものには○、誤っているものには×をつけなさい。

(1) コンクリートの弾性係数（ヤング係数）には、コンクリートが圧縮を受けるときの応力−ひずみ曲線において、原点と最大圧縮応力（圧縮強度）の点を結ぶ割線弾性係数が用いられる。

(2) コンクリートの単位水量が大きいと乾燥収縮は大きくなる。

(3) コンクリートは乾燥することによって強度が増すので、硬化したらできるだけ早く乾燥状態におくのが良い。

(4) 水セメント比を小さくすることは、アルカリシリカ反応を抑制する上で有効な対策である。

(5) 日の当たる環境にあるコンクリートは、日陰にあるコンクリートに比べ凍害の懸念が大きくなる。

(6) 塩害は海に存在する塩分がコンクリート中に浸入することによって鉄筋腐食が発生する現象であるため、海岸から遠く離れた内陸部で発生することはない。

(7) コンクリートが乾燥環境におかれたとき、コンクリート表面の収縮量は内部と比較して大きくなるため、コンクリート内部において収縮ひび割れが生じる。

6章 鋼材

1 鋼材の役割と特徴

1 鋼材とは

鋼（はがね、こう、Steel）とは、鉄（Fe）を主成分とする合金で、鉄のもつ強さ、伸び、衝撃強さなどの性能を高めたものです。私たちが日常生活のなかで利用している鉄の製品は、製造や使用条件において一定の強度と伸びが必要とされるため、ほとんどの場合、鋼が使用されています。成分的には鉄（Fe）のなかに炭素（C）と、他に若干のケイ素（Si）、マンガン（Mn）、リン（P）、イオウ（S）などが含まれています。

鋼は炭素の含有量により以下のように区分されています。ステンレス鋼は炭素の含有量が0.03％以下ですが、鋼の仲間として扱っています。

- 鋳鉄：炭素の含有量が2％以上、硬く脆い
- 鋼：炭素の含有量が0.04〜2％、強さと伸びが適当にある。多くの鋼の製品では1.7％以下が一般的で、炭素の含有量が0.04〜1.7％までを炭素鋼、あるいは普通鋼という
- 低炭素鋼：0.3％以下
- 中炭素鋼：0.3〜0.5％
- 高炭素鋼：0.5〜1.7％
- 純鉄：炭素の含有量が0.04％以下、良く伸びる、脆いなどの種々の特性を示す

鋼材とは鋼でできた製品の総称で、板状の鋼材を鋼板、棒状の鋼材を鋼棒、線状の鋼材を鋼線と呼びます。特にコンクリートの補強材として用いる棒状あるいは線状の鋼材は鉄筋と呼びます。

各種の土木構造物とそこで使用されている鋼材の例は図1・2（p.20）に示した通りです。河川や谷を渡る橋梁構造には鋼板からつくる鋼製、鉄筋コンクリート製、そしてPC鋼線で補強されたPC（プレストレスコンクリート）製、などの種類があります。これらを支える基礎は、鉄筋で補強されたコンクリート、いわゆる鉄筋コンクリート製の構造です。そして、基礎は鋼管杭または鉄筋コンクリート杭で支えられています。貨物船や旅客船が接岸する桟橋構造は、梁や床は鉄筋コンクリート製で、多くの場合鋼管杭で支えられています。山の斜面を切り取って道路を建設した場所でよく見かける土留め構造も鉄筋コンクリート製です。このように鋼材は見えないところで日常生活の至る所に使用されています。

2 鋼材の役割

鋼材はコンクリート中の鉄筋として、あるいは鋼材単体で使われます。橋梁には通行する人、自動車、電車などの常時の荷重を支え、時には予想もしない重いトラックや大地震、台風による非常時の荷重も支える役割があります。例えば鋼橋（鋼材のみからなる橋）では、図6・1に示すように鋼材に力が発生します。鋼材はこの力に対して大きな変形や破断することなく耐えなければいけません。そして、橋梁の供用期間中にその性質が変化しないことも重要となります。さらには、量産可能で安く提供され、取り扱いが容易な材料であることも必要です。鋼材は、このようなさまざまな条件を満たし得る材料として、

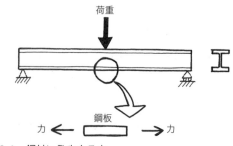

図6・1　鋼材に発生する力

表6・1 各種材料の特徴

材料		強さ(a) MPa	比重(b)	比強度 (a)/(b)	価格 円/kg
金属材料	鋼	400	7.8	51	50
	アルミ合金	200	2.7	74	570
	銅合金	250	8.9	28	570
	チタン合金	950	4.5	211	150
無機材料	セメント	35	3.0	12	10
	セラミックス	3500	3.9	897	2000
	炭素繊維	4900	1.8	2722	3000
有機材料	塩化ビニル	60	1.4	43	110
	ポリプロピレン	36	0.9	40	182
	CFRP	1500	1.6	938	24000

表6・2 各種金属の物理的性質

項目 (JIS規格)	種類	炭素鋼 (SPCC)	ステンレス鋼 (SUS304)	チタン (純チタン)	アルミ合金 (A5052P)	銅 (C1220P)
比重		7.85	7.93	4.51	2.68	8.9
電気抵抗 （室温、 $\mu\Omega\cdot cm$）		9.7	72	47〜55	4.9	1.9〜2.5
磁性		あり	なし	なし	なし	なし
熱膨張係数 $(0〜100℃、\times 10^{-6}/℃)$		12.2	17.3	8.4	23.8	14.1〜16.8
熱伝導率 $(100℃、\times 10^2 W/m\cdot ℃)$		0.79	0.162	0.17	1.95	3.76
ヤング係数 (N/mm^2)		205940〜225550	193060	105000	70610	117680〜132390

構造物のなかで重要な役割を担っています。

3 一般的な長所と短所

現在、私たちの生活において、鋼はひじょうに多くの場面で幅広く使用されています。その長所と短所は以下のとおりです。

✣長所

①強い

②安い

③加工が容易

各種の材料の強さ、比重、比強度とおおよその価格を表6・1に示します。強さでは特殊な材料を除けば、鋼が比較的高い順位にあることがわかります。比強度（＝強さ／密度）と価格でみれば、鋼材はコンクリートとともに比強度が高く、安いことが特徴で構造材として最適といえます。そして、鋼材は工場で種々の形、長さ、板厚サイズをつくりわけることが可能で、切断、接合、曲げ、その他の加工が容易です。また、Fe以外の元素の量を調整したり、熱処理をおこなうことにより、強さ、粘り、硬さなどの機械的性質を容易に調整することができます。

✣短所

①重い

②錆びやすい

③細長い部材の場合に座屈しやすい

鋼材は水分に接触すると簡単に錆びてしまう特性があります。また、鋼材は構造材として強度が高いのですが、一方で経済的な合理性から少しでも細い、あるいは薄い断面として使用されることが多くなります。そのため、圧縮力が作用した場合、座屈（長い棒や柱などが縦方向に圧縮荷重を受けた時に、ある限度を超えると急に変形の模様が変化し大きなたわみが生じる現象）が生じやすく、脆い材料でつくった構造と同様の破壊性状を示すことがあります。設計では、そのような破壊が生じないように荷重や断面寸法を注意深く決定する必要があります。

4 物理的性質

鋼材の性質は、炭素の含有量によって変化しますが、一般的な炭素鋼とステンレス鋼の物理的性質を他の金属と対比して表6・2に示します。

5 力学的性質（機械的性質）

構造物に荷重が作用すると、鋼材に力が発生します。鋼材はこの力に対して破壊（大きな変形や破断）することなく耐えなければいけません。そのためには、鋼材の引張性質（引張った時の性質）、圧縮性質（圧縮した時の性質）、衝撃強さ（叩いた時の強さ）、硬さ（傷付きにくさ）などの性質を詳細に調べ、その特性をじゅうぶんに考慮して設計をおこなう必要があります。これらの性質は一般的に力学的性質

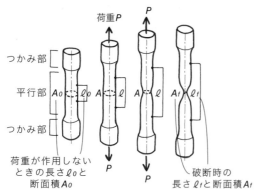

図6・2 引張試験片の変形

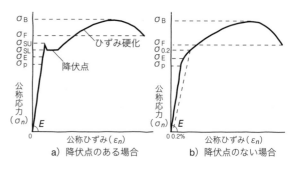

a) 降伏点のある場合　　b) 降伏点のない場合

σ_P：比例限（応力とひずみが比例する限度の応力）
σ_E：弾性限（除荷後，元の寸法に戻る限度の応力）
σ_B：引張強さ（最大荷重に対する公称応力）
σ_F：破断強さ（破断荷重に対応する公称応力）
$\sigma_{0.2}$：0.2％オフセット点応力
　　　（塑性ひずみが0.2％となる荷重に対応する応力）
σ_{SU}：上降伏点応力
　　　（荷重を増すとひずみが増大する点に対応する応力）
σ_{SL}：下降伏点応力
　　　（荷重を増加しなくてもひずみが進行する点に対応する応力）
E：ヤング係数（あるいは縦弾性係数）

図6・3　鋼材の応力ーひずみ関係

（機械的性質）とよばれます。なお，鋼材では引張性質と圧縮性質とは荷重方向は逆ですが同じと考えられています。以下に，各性質について説明します。

①引張強度

鋼材の引張強度は引張試験で知ることができます。図6・2は引張試験における試験片形状の変化図を示しています。試験片の平行部は一様に伸びた後，くびれ（ネッキング）が発生し，最終的に破断（2つに分かれる）します。試験の荷重（P）と試験片の伸び（長さℓの変化）から式（6.1），式（6.2）で計算した値を**公称応力** σ_n，と**公称ひずみ** ε_n とよびます。試験で得られた値の変化を図6・3に示しますが，これは**応力ーひずみ関係**とよばれ，これから構造設計に必要な重要なデータが得られます。また，式（6.3），式（6.4）で計算される値は**伸び**（f），**絞り**（r）と呼ばれ，これらの値は鋼材の選定に用いられます。

公称応力（試験前断面積当たりの力）：

$$\sigma_n = \frac{P}{A_0} \qquad (6.1)$$

公称ひずみ（試験前長さ当たりの長さ変化）：

$$\varepsilon_n = \frac{\ell - \ell_0}{\ell_0} \qquad (6.2)$$

伸び（試験前長さ当たりの破断時長さ変化）：

$$f = \frac{\ell_f - \ell_0}{\ell_0} \times 100 \qquad (6.3)$$

絞り（試験前断面積当りの破断時面積変化）：

$$r = \frac{A_0 - A_f}{A_0} \times 100 \qquad (6.4)$$

ここで，A_0：試験前断面積，A_f：破断時面積，
　　　　ℓ_0：試験前長さ，ℓ_f：破断時長さ

図6・3のa）は「降伏点」が明瞭にある応力ーひずみ関係の場合で，焼きなまされた鋼材（加熱後ゆっくり冷却した鋼材）はこのような特性を示します。b）は降伏点のない場合で，大部分の金属材料がこのような特性を示します。一般的に，引張強さが高い鋼材ほど降伏比（σ_{SU}/σ_B）が大きくなり，引張強さ時のひずみも小さくなります。

弾性限（σ_E）までは応力を下げると，鋼材は元の寸法や形状に戻ります。この性質を**弾性**と呼びます。比例限（σ_P）と原点を通る線の傾き E を**ヤング係数**といい，この値はどの鋼材でもほぼ一定の値となります。

上降伏点（σ_{SU}）を超えて応力を上げると，元の寸法や形状には戻らなくなります。これは図6・4に示すような鋼材中の原子の並びに存在する転位（結晶

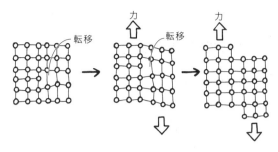

図6・4 鋼材の変形

a) 延性破壊　　　　b) 脆性破壊

図6・5 鋼材の破壊

欠陥）にずれが生じるためで、この性質を**塑性**と呼びます。さらに下降伏点（σ_{SL}）を超えると応力が一定であってもひずみが進行する領域があります。この下降伏点は構造設計上重要な点で、簡単に**降伏点**と呼ばれます。ひずみがある限度に達すると、またひずみの増加とともに応力が増加し始めます。この現象は**ひずみ硬化**あるいは加工硬化と呼ばれます。

図6・3のb）のように明確な降伏点がない材料、例えばPC鋼材やステンレス鋼などでは、規定のひずみを与えた際の応力を**耐力**と規定して、降伏点に代えて構造設計などに使います。規定のひずみは、特に指定がない場合は0.2％とし、一般的にいわれる耐力とは0.2％オフセット点応力を表しています。図6・5のa）で示すように、じゅうぶんな伸びを示して破壊に至るような破壊を**延性破壊**と呼びます。一方、b）はほとんど塑性変形をすることなく、瞬時に破壊してしまう破壊で**脆性破壊**と呼びます。この破壊は低温であるほど発生しやすくなります。

② 衝撃強さ

衝撃強さとは、材料を叩いた時の衝撃力に耐える力です。鋼材は室温において荷重を徐々にかけていくと、荷重がその鋼材の本来もっている引張強さに到達するまで、じゅうぶんな伸び（塑性変形）特性を示します。しかし、じゅうぶんな引張強さや伸びを有している鋼材でも、低い温度条件で荷重が作用した場合、種々の要因が重なり合うと、脆性破壊してしまうことがあります。この現象は、鋼材の母材部だけではなく、溶接部、曲げ半径の小さい加工部でもおこる可能性もあるので注意が必要です。寒冷地などの特に厳しい温度環境において鋼材を使用する場合には、適切な衝撃強さを有する鋼材を選定する必要があります。鋼材の衝撃強さは**シャルピー衝撃試験**で簡単に知ることができます。他に鋼材の粘りを表現する値として靱性値がありますが、これは衝撃強さと関係があるものの、まったく別の試験により求められる値です。

③ 硬さ

鋼材における硬さとは、材料の傷付きにくさです。鋼材は成分や熱処理条件で硬さが変化する性質があります。例えば、鋼材の炭素の含有量が多くなると引張強さや硬さが増します。また、鋼材を焼入れ（加熱して急冷）しても強さや硬さが増します。鋼材の強さや硬さが増すことは重要なことですが、その一方で伸びと絞りの性質が低下します。したがって硬さは、鋼材の性質を見極めるうえで重要な特性値といえます。

上述のように硬さは鋼材の種々の機械的性質と一定の関係があるため、この値から他の性質を推定で

解説 ♠ 構造物を安全に設計するには

構造物を安全に設計するには、大きな変形や破断が生じないようにコンクリートや鋼材に発生する応力を一定値以下とする必要があります。このため設計では、常時荷重では鋼材の発生応力を降伏点応力よりも小さくして弾性範囲となるように、非常時荷重では構造物の変形が問題とならない範囲で一部塑性範囲となることも許容して、最適な部材断面や鋼材断面を選定しています。

き、工業的に便利な特性値となっています。

硬さはその測定法により幾つかの表現があり、ビッカース硬さ（HV）、ブリネル硬さ（HB）、ロックエル硬さ（HR）、ショア硬さ（HS）などがあります。建設分野の鋼材やその溶接部の硬さを計る時には、ビッカース硬さが良く用いられます。基本的にはいずれも硬い材料を鋼材表面に押し付けてできたくぼみの大きさを測定するなどの手法を用います。

例えば、厚い鋼板でのビッカース硬さ（ダイヤモンド製の尖った治具を試験面におしつけピラミッド形のくぼみをつくるときの荷重を、くぼみの表面積で除した値をいう）はSS400がおよそ120〜140、SM490がおよそ150〜170、SM570がおよそ190〜210です。ビッカース硬さを3倍するとおよその引張強さとなり、これを推定できることがわかります。

2 鋼材の種類と製造・加工方法

1 鋼材の種類

鋼材の規格は、JISに定められており、その種類、化学成分、耐力、形状、寸法などが決められています。構造物を建設する際には、使用する鋼材の品質を確保する目的で、鉄鋼製造者から鋼材検査証明書（いわゆるミルシート）を提出してもらいます。この証明書には、事前に工場で分析試験された鋼材の化学成分、耐力、絞り、硬さの数値が記載されており、これをもって納入された鋼材の品質検査に代えています。以下に、鋼材の種類を形状と規格の面から説明します。

①形状による分類

鋼材の種類を以下に示します。図6・6に形状を示します。

- 形鋼（レール、矢板、I形鋼、H形鋼、各種山形鋼、みぞ形鋼、CT形鋼など）
- 棒鋼、線材
- 厚板
- 熱延薄板、冷延薄板
- 鋼管

②規格による分類

JISに規定される主な鋼材を表6・3に示しました。

✤記号の意味

SM490Yを例として示します（図6・7）。

- 最初のローマ字：鋼材の種類。例えば、SS：一般構造用圧延鋼材、SM：溶接構造用圧延鋼材
- 数字：鋼材の引張強さをN/mm^2で示す
- 最後のローマ字：同じ種類、同じ強度の鋼材でも物理的性質や化学成分の異なるものを示す

例えば、A、B、C：この順に衝撃吸収エネルギーが高くなります。Y：降伏点が高いもの、W：耐候性仕様のものです。

解説 ♠ シャルピー衝撃試験とは

この試験では、鋼材から切出したV形切欠き付き試験片を用いて、これを背面から錘（おもり）で打撃し、破断するエネルギー（吸収エネルギー）を調べます。種々に試験温度を変えて吸収エネルギーを測定して、プロットすると下図のような曲線が得られます。試験温度を低くしていくと吸収エネルギーが急激に低下する、ある温度領域が存在します。これを遷移温度範囲といい、鋼材の破壊は延性的な形態から脆性的な形態に変わります。

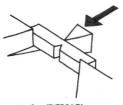

シャルピー衝撃試験

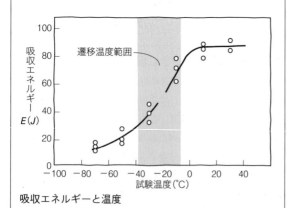

吸収エネルギーと温度

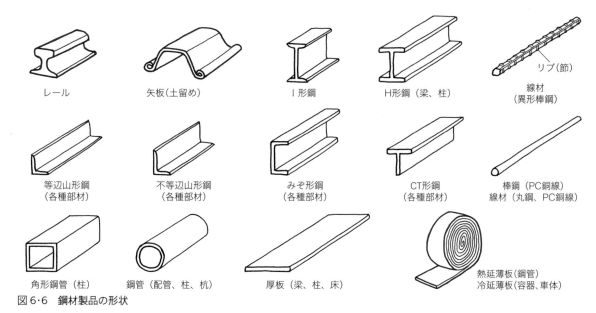

図6・6 鋼材製品の形状

図6・7 規格の表示

2 製造方法

現在、わが国で鋼材は年間約1億t生産されており、その約50%が建設分野で使用されています。それらはいわゆる鉄鋼メーカーで製造されますが、大別すれば、銑鋼一貫メーカー、電炉（電気炉）メーカーおよび単圧メーカーの3つに分類できます。それぞれの、製造工程の特徴をみてみましょう。

①銑鋼一貫メーカー

鉄鋼石から最終製品である鋼材が製造されるまでには複雑な工程がありますが、大別すると図6・8に示すような3つの工程に分かれます。

- 製銑工程：鉄鉱石、焼結鉱とコークスなどを高炉に入れ、これに熱風を吹き込み、溶けた鉄（銑鉄）をとりだす工程
- 製鋼工程：銑鉄を転炉に入れ、これに酸素を吹き込み、銑鉄中の炭素や不純物を取り除き、さらに合金鉄の添加もおこない、最終的に成分調

表6・3 JIS鋼材の種類

鋼材の種類		規格	鋼材記号
1. 構造用鋼材	一般構造用圧延鋼材	JIS G3101	SS400
	溶接構造用圧延鋼材	JIS G3106	SM400、SM490 SM490Y SM520、SM570
	溶接構造用耐候性熱間圧延鋼材	JIS G3114	SMA400W SMA490W SMA570W
	橋梁用高降伏点鋼板	JIS G3140	SBHS400 SBHS400W SBHS500 SBHS500W SBHS700 SBHS700W
2. 鋼管	一般構造用炭素鋼管	JIS G3444	STK400 STK490
	鋼管杭	JIS A5525	SKK400 SKK490
	鋼管矢板	JIS A5530	SKY400 SKY490
3. 接合用鋼材	摩擦接合用高力ボルト	JIS B1186	F8T F10T
4. 鋳鍛造品	炭素鋼鍛鋼品	JIS G3201	SF490A SF540A
	炭素鋼鋳鋼品	JIS G5101	SC450
5. 線材と二次製品	PC鋼線及びPC鋼より線	JIS G3536	SWPR1 SWPR7 SWPR14
6. 棒鋼	鉄筋コンクリート用棒鋼	JIS G3112	SR235 SD295A SD295B SD345
	PC鋼棒	JIS G3109	SBPR785/1030 SBPR930/1080 SBPR930/1180

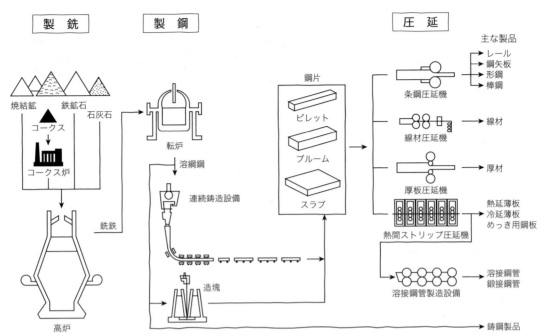

図 6・8 鋼材の製造プロセス

整した溶けた鋼（溶鋼）をつくる工程。その後、溶鋼を冷却して凝固させてビレット、ブルーム、スラブなどの鋼片、鋳鉄製品とする工程
- 圧延工程：製鋼工程の鋼片を加熱後、圧延し所定の形状として鋼材製品とする工程

鋼材製品としては、形鋼、棒鋼、線材、厚板、薄板、鋼管などのほとんどすべての種類を製造しています。

②電炉メーカー

銑鉄をつくる設備をもたず、市中から鉄屑を入手し、これを電気炉で溶かし、この溶鋼を冷却して凝固させて鋼片とします。その後の製造プロセスは、銑鋼一貫メーカーの製鋼工程、圧延工程に類似しています。主な製品は、平鋼、棒鋼、小型サイズの形鋼、厚板などです。

③単圧メーカー

銑鉄や鋼を製造する設備をもたず、単に鋼片を入手し圧延だけをおこなっています。主な製品は、鉄筋用棒鋼や平鋼などです。

3 加工方法

鋼材メーカーから供給される鋼材製品はそのままの形で使用できる場合もありますが、構造物に部材として使用するには、曲げたり、部材と部材を溶接して接合したりする必要があります。

①溶接接合

溶接作業の状況を図6・9に示します。鋼材と溶接棒との間に高い電流を流してアーク放電を発生させ高温にして鋼材と溶接棒を溶かして接合する接合方

---

episode ♣ 鋼材の品質管理

コンクリートは、生コン工場の最終段階でスランプ試験などの品質管理がおこなわれますが、その後の輸送、打設、打設後の養生などの過程において、人為的な影響を受けてばらつきを生じることがあります。

一方、鋼材は、製鋼工場で成分分析しながら最終の成分調整が行われます。その後の圧延工場でも加熱、冷却とも厳しい温度管理のもと高度な品質管理がなされて最終製品となります。さらに出荷先でも、切断や加工時にもとの性能が失われないように注意を払った作業が行われます。

こうしてみると、鋼材は品質が安定しており、信頼性が高い材料であるといえます。

図6·9 鋼材の溶接作業

図6·10 鋼材の加工方法

表6·4 各種の熱処理方法

種類	熱処理方法	目的
焼きならし	熱した後、大気中で徐々に冷却	焼入れ、焼もどし前に内部を均質にする
焼きなまし	熱した後、炉の中で徐々に冷却	伸びを調整、残留応力を除去する
焼入れ	熱した後、水につけて急に冷却	強度、硬さを増大させる一方、もろくなり、伸びが減少する
焼もどし	焼入れした鋼を再加熱して空気中で冷却	内部応力を除去、粘りが増加する。硬さは減少する

法です。簡単な方法ですが、溶接部では急速に加熱し急速に冷却される熱サイクルを受けるため、硬化して伸びが低下して割れやすくなることがあります。そのため、溶接部に必要な力学的性質を確保するために、鋼材の化学成分、溶接方法（溶接棒の種類、電流値、冷却速度など）をじゅうぶんに検討して溶接する必要があります。

②加工の方法

大きく分けて2種類の方法があります（図6·10）。

①加熱して整形する方法：温度を1000〜1200℃に加熱して圧延ロールなどで形成する。大型部材の加工に適している

②常温で整形する方法：常温で加工するため、設備は簡単だが、ひずみが残留する。鉄筋、小型H形鋼の曲げに適している

③熱処理

鋼材は熱を加えて、冷却することで、鋼材の特性を種々につくり分けることができます。鉄鋼メーカーから供給を受けた後でも、鋼材に熱処理を施すことでさまざまな目的に応じた特性を得ることができます。表6·4にその種類と特徴を示します。

3 鋼材の疲労・腐食と防食

1 鋼材の疲労

鋼材には、静的な荷重のみでなく、風や車などによる繰り返し荷重が作用する場合があります。長期間、ある値よりも大きい荷重が繰り返し加えられると、静的な破壊が生じる荷重よりもはるかに小さい荷重で破壊がおこります。このような破壊を**疲労破壊**と呼びます。大型トラックやその通行回数が増加している都市部の鋼製橋梁では、疲労亀裂の増加が問題となりつつあります。

①疲労性能の調査

この疲労特性を調査するには、図6·11に示すよ

解説 ♠ 鋼材の溶接性とは

鋼材の溶接性とは、溶接作業のしやすさだけでなく、欠陥なく接合でき、溶接後の継手の強さ、衝撃強さなども含んだ性能を指します。良好な性能を得るには、鋼材の溶接後の硬さを一定以下に制限することが必要です。そこで、含有元素量を炭素量に換算した**炭素当量** C_{eq} という数値指標を用いて溶接部の最高硬さを推定し、鋼材を選定します。

C_{eq} とは、鋼材中の各元素成分の含有量から下記の式で計算します。ここで、元素記号は元素成分の含有量です。

$C_{eq} = C + Mn/6 + Si/24 + Ni/40 + Cr/5 + Mo/4 + V/14$

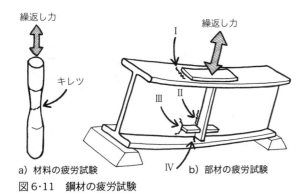

a) 材料の疲労試験　　b) 部材の疲労試験

図6・11　鋼材の疲労試験

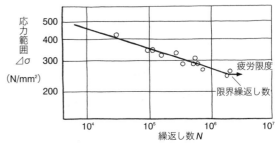

図6・12　S-N曲線

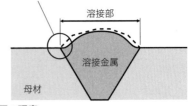

図6・13　表面の研磨

うな試験体を用いて実験をおこないます。材料に関しては図6・11のa)、構造部材に関してはb)のような試験体を用いておこないます。試験では荷重を試験体に繰り返し加え、破壊や亀裂の発生に至るまで実験を継続します。そしてこの試験をいくつか異なった荷重でおこないます。すると、一般的に図6・12のような結果が得られます。この図では縦軸に応力範囲（応力の変動幅）$\Delta\sigma$、横軸には破壊や亀裂発生までの繰返し数Nをとります。これは**S-N曲線**と呼ばれます。応力範囲が大きい領域では右さがりの傾向をもち、応力範囲が小さくなると、およそ$N=10^6 \sim 10^7$くらいで水平となる場合があります。この水平となる応力範囲を**疲労限度**と呼びます。また、この時の繰り返し数を**限界繰返し数**と呼びます。

②**疲労限度に影響を及ぼす要因**

材料や溶接が施工された構造物の疲労限度に影響を及ぼす要因としては以下のものがあります。

✣**材料**
- 表面状況（表面を研磨すると疲労限度が高まる）
- 寸法形状（試験体の寸法が大きくなると疲労限度は低下する）
- 腐食環境（腐食が発生すると亀裂発生や進展速度が速まる）

✣**構造物**
- 応力集中（大きいほど疲労限度が下がる）
- 残留応力（引張残留応力が高いほど疲労限度が低下する）
- 材料の疲労強度

③**疲労の対策**

疲労の発生を防止する手法としては以下の手法が有効であると認められています。

- 発生応力の低減（板厚や部材断面を大とする）
- 表面の研磨（グラインダーなどで溶接部を研磨する。図6・13）
- 残留応力の除去（引張残留応力を加熱空冷して取り除く）
- 残留応力を制御（引張残留応力部の鋼材表面を打撃して強制的に圧縮応力とする）

2　鋼材の腐食と防食

鉄筋コンクリート柱のなかの鉄筋が腐食している事例を図6・14に示します。これは凍結防止材として使用された塩化物がコンクリート中に浸透し、その結果、鉄筋が腐食し、錆が膨張して表面コンクリートが剥がれたものです。このように鋼材の腐食は、構造物に大きな損傷を与えます。以下に鋼材の腐食とは何か、また各種環境下での一般的な腐食の程度を、炭素鋼を例に述べます。

図6・14 鉄筋の腐食事例

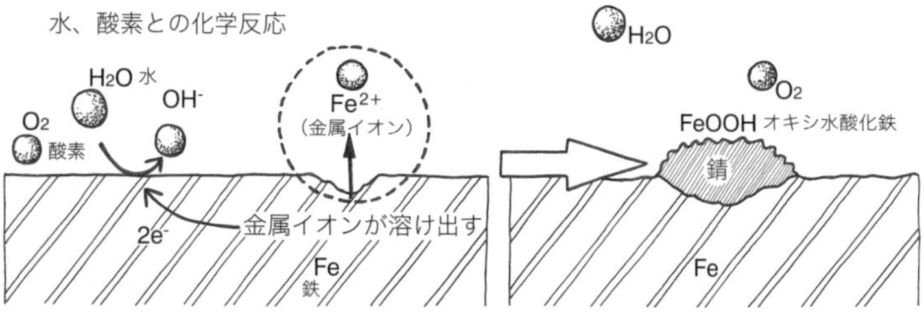

図6・15 腐食反応のしくみ

表6・5 各種環境における炭素鋼の腐食速度

環境	平均腐食速度（mm/年）	備考
工業地帯大気	0.01～0.08	海塩粒子、SO_2量と温度の影響を受け色々な値となる
海浜大気	0.01～0.1	
海上飛沫部*	0.3	乾湿と温度の影響で激しい腐食
海水中	0.1	溶存酸素量の影響を受けほぼ一定値
土壌中	0.01～0.06	含水比、通気性、pHの影響を受ける
コンクリート中	0～0.03	中性化、塩化物浸透で大となる

＊干潮で海面上、満潮で海面下となる部分

①鋼材の腐食とは

腐食は、図6・15に示すように鋼材の主成分の鉄（Fe）と水（H_2O）と水に含まれる酸素（O_2）との化学反応の結果です。海水、河川、水道水、土壌、コンクリートなどの中に鋼材を置くと、この反応は容易に起こります。この腐食の反応は、以下の条件では加速されるので注意が必要です。

✣腐食が加速される要因

- 流れのある環境
- 泡立つ環境
- 塩化物のある環境
- 酸性の河川や温泉地域
- 異種金属と接触した環境

水中に溶けだした2価の鉄イオン（Fe^{2+}）が水酸化イオン（OH^-）と反応し、白錆といわれる水酸化第1鉄 $Fe(OH)_2$ や赤錆といわれるオキシ水酸化鉄（FeOOH）が生成されます。また、環境によっては黒錆といわれるマグネタイト（Fe_3O_4）も生成されます。これらの反応は、いずれも鉄が錆に変化していく過程ですから、進行するとやがて鋼材が痩せて耐力を失うことになり注意が必要です。

②各種環境における腐食

私たちが構造物を建設する際に出会う各種環境下での炭素鋼の腐食速度を表6・5に示します。腐食速度は各々の環境条件で当然異なりますが、ここではおおよその目安を示しています。

③異種金属接触による腐食

金属は水中で、イオン化しようとする傾向（イオン化傾向）をもっており、この傾向は金属の種類によって異なっています。この特性により水中で異なった金属が接触すると、例えば普通鋼材とステンレス鋼材の場合、普通鋼材のようなイオン化傾向の強い（大である）金属の腐食が加速し、もう一方でステンレスのようにイオン化傾向の弱い（小である）金属の腐食は抑制される現象が生じます。このことを**異種金属接触腐食**と呼びます。

構造物の腐食でよく問題となる例について、図6・16に示します。

✣事例1

図6・16のa)は普通鋼材にステンレスのボルトやワッシャーを用いた例です。この部材が屋外で雨などに曝された場合、両金属が接触して水で濡れている箇所近傍のステンレスが防食側となり、普通鋼部

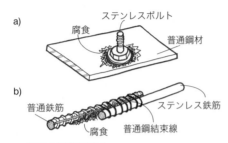

図6・16 異種金属接触腐食

側に激しい腐食が生じます。

✤ 事例2

図6・16のb)は普通鋼材の鉄筋とステンレス鉄筋とを結束線で結束したり、溶接して接合した場合の例です。この場合、コンクリート打設前に雨などに曝された場合には、両金属が接触して水で濡れている箇所近傍のステンレスが防食側となり、普通鋼部側に激しい腐食が生じます。

したがって普通鋼材にステンレス、チタン、アルミニウムなどのイオン化傾向の異なる金属材料からなる部品、部材を取り付ける場合には、防食措置をじゅうぶんに検討して施工する必要があります。

④鋼材を腐食から防ぐ

構造物は、基本的に自然環境下に設置されるため、雨、海水、水分を含んだ土などに接することを避けられません。したがって、構造物を長期にわたって使用していくためには、防食方法をじゅうぶんに検討して、施工する必要があります。以下に主な防食方法について示します。

- 有機材で被覆：塗装で被覆する。鉄筋にエポキシ樹脂を塗装したエポキシ樹脂塗装鉄筋もある
- 金属で被覆：亜鉛やアルミ材料でメッキ（化学処理などでうすく被覆する）あるいは溶射（溶かしたものを吹付ける）を施す。ステンレスやチタンなどの耐食金属で被覆する
- 電気的に防食：水中や土中環境にある鋼材に、陽極と呼ばれるイオン化傾向の強い金属（アルミ合金、亜鉛合金、マグネシウム合金など）を

図6・17 ステンレス鋼製ゲート

ボルトや溶接で取り付ける。不溶性の電極を用いて鋼材に強制的に電流を流し防食環境とする
- アルカリ環境化する：コンクリートやモルタルで被覆する
- 異種金属と接触させない：できる限り同種の鋼材を用いる。やむを得ない場合は、絶縁やその他の防食法と組み合わせる
- 水分、湿気から遠ざける：水はけを良くする

4 その他の金属

土木構造物に使用する金属のほとんどが炭素鋼で、その他の金属を使用することは多くはありません。しかしながら、最近は強さとコストの観点だけでなく、耐食性、加工性などの面から新しい性能を有する金属が使用される傾向があります。その代表的な金属であるステンレス鋼、チタンとアルミニウムについて以下に概要を述べます。

1 ステンレス鋼

ステンレス鋼は「錆びにくい鋼＝Stainless Steel」を意味します。普通鋼をもとに耐食性を改良改善することで開発されてきました。その歴史は約160年で、日本における最近の生産量は年間300万tにも及びます。これまでは台所食卓用品や各種器具、自動車部品などが主な用途でしたが、最近では優れた意匠性を活かして建築物などにも多く使用されるようになってきました。成分的には鉄（Fe）が50％以

図6·18 チタンクラッド鋼被覆された鋼製橋脚

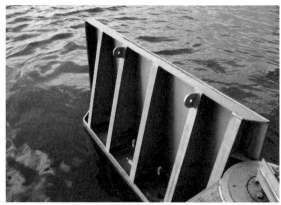

図6·19 アルミニウム製ゲート

上で、クロム（Cr）を10.5％以上含んだ合金です。物理的性質は表6·2に示しています。ステンレス鋼には、錆びにくさの程度から数多くの種類が規格化されています。その代表的なものがSUS304で「18-8ステンレス」とも呼ばれ、スプーンや包丁などでお馴染みの材料です。

✣特徴

①優れた耐食性（種々の腐食環境に応じた品揃え。チタンには劣る）

②高強度（炭素鋼に比べ引張り強さが高いが、降伏点は低い）

✣用途例

①河川やダムのゲート（図6·17）

②各種の貯蔵タンク

③海洋構造物の防食ライニング（ステンレス鋼で構造物を巻く）

④ステンレス鉄筋

2 チタン

チタンが工業用材料として使用されているのは、ここ30～40年のことで、最近の日本での年間生産量は1.8万t規模です。高価で貴重な金属として、航空機、化学、電力、原子力など特殊な分野に限定使用されていましたが、ここ数年は、眼鏡、時計などの民生品用の材料としても使用され、建築材料としては屋根、壁、モニュメント部材として使われ始めています。チタンの優れた耐海水性、高強度、軽量などの特性から土木、海洋分野におけるメンテナンスフリー化や性能向上への期待は大きいといえます。

✣特徴

①優れた耐食性（海浜地帯や工業地帯の厳しい腐食環境で錆びない）

②軽量（比重は4.51で鋼の約60％、アルミニウムの約1.7倍）

③高強度（純チタンは軟鋼並み、チタン合金ではさらに高強度）

✣用途例

①鋼製橋脚の防食（図6·18）

②鋼管、H形鋼の防食被覆

3 アルミニウム

日本でアルミニウムの製品が世に出ておよそ110年になりますが、戦後経済の高度成長とともに飛躍的に利用が進みました。今では多くの分野でなくてはならない金属材料となっています。現在の国内の生産量は年間400万t規模で、このうち土木建築分野では60万t使用されています。主な用途は強度、剛性があまり必要とされない建築のサッシ、エクステリアなどです。しかし、下記に示す軽量、耐候性などの面で優れた特性を有しているので、最近では小規模な河川のゲートなどの構造物で使用されています。

✣特徴

①軽量（比重が鋼の30％程度）

②耐候性（海浜地域、海水中での高い耐食性）
③加工性（強度が低く、伸びがある）

✚用途例
①水門などのゲート（図6・19）
②道路標識
③プール、アトリウムなどの骨組

演習問題 6-1　鋼材（軟鋼）の引張試験をおこない、応力とひずみの測定をおこなったところ以下のような図が得られた。以下の問いに答えなさい。

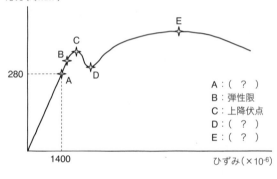

(1) 図のA、D、Eの名称を記入しなさい。
(2) この鋼材の弾性係数（ヤング係数）を求めなさい
(3) 鋼材そのものの力学的性質を考えた場合、最大の応力が生じるのは破断時である。図において、Eを境として応力が低下する理由を述べなさい。

演習問題 6-2　鋼材の熱処理方法について、種類と処理方法ならびにその目的について、正しく組合せなさい。

［種類］
①焼入れ
②焼きならし
③焼きもどし
④焼きなまし

［熱処理方法］
A　熱した後、炉の中で徐々に冷却
B　熱した後、水につけて急冷
C　熱した後、大気中で徐々に冷却
D　焼入れした鋼を再加熱して空気中で冷却

［目的］
Ⅰ　内部応力の除去
Ⅱ　伸びの調整と残留応力の除去
Ⅲ　強度や硬さを増大させる
Ⅳ　内部の均質化

演習問題 6-3　鋼材の溶接部において疲労破壊が生じる原因を述べなさい。また、疲労の対策として表面を研磨することがおこなわれるが、その目的を述べなさい。

演習問題 6-4　鋼材の腐食速度は、海水中よりも海上飛沫部の方が大きい傾向にある。その理由を述べなさい。

演習問題 6-5　次の記述のうち、正しいものには○、誤っているものには×をつけなさい。

(1) 鋼材の弾性係数は降伏点強度が大きくなるほど大きくなるため、SD295Aの鉄筋に比べてSD345の鉄筋の方が弾性係数は大きくなる。
(2) 降伏点の高い鋼材ほど降伏比は小さくなり、引張強さ時のひずみも小さくなる。
(3) ステンレスは錆びにくい鋼であるので、普通の鋼材と接触しても腐食に関して不都合が起こることはない。
(4) 延性破壊とはほとんど変形を伴わずに生じる破壊現象のことであり、低温であるほど発生しやすくなる。
(5) PC鋼材は炭素鋼のような明確な降伏点をもたないため、永久ひずみが0.2％となる応力を設計上の耐力としている。

7章 高分子材料

1 有機系化合物の役割と特徴

1 役割

高分子材料のなかでも、建設分野で活用されているのが有機系化合物です。**有機系化合物**は主として石油から化学的につくられたものであり、合成樹脂（プラスチック）、合成繊維、合成ゴムとして、日常生活から産業分野まで広く利用されています。

特に、セメントコンクリートや鋼材にない優れた性質をもつことから、コンクリート構造物の補修、補強、予防保全に多数利用されています。例えば、①コンクリートに入ったひび割れの中に注入する補修用接着剤、②橋梁の床版、桁や橋脚を補強するための補強用繊維、③コンクリート構造物の早期劣化（中性化、塩害、アルカリ骨材反応、凍害、化学的侵食など）を防止するために、コンクリート水路の表面に塗装する表面被覆材（塗料）、④コンクリート水路の継目からの漏水を防止するためのシールゴムなどがあります。

この章では、まず有機系化合物の一般的な特徴を述べるとともに、主として土木の補修、補強分野で利用されている有機系化合物について紹介します。

有機系化合物の位置づけを図7・1に示します。

2 特徴

補修・補強に接着剤や表面被覆材（塗料）として用いられている有機系化合物（以下、合成樹脂）は、図7・2に示すように、弾性係数はコンクリートの約1/10と柔らかく、接着強さがコンクリートの約10倍以上であるなど、コンクリートにはない性質が多数あります。

① 燃える（耐熱性に限界がある）
② 紫外線によって劣化する
③ 熱膨張係数が大きい（鋼材やコンクリートの約5〜10倍）
④ 熱や電気を伝えにくい
⑤ 酸、アルカリに強く、錆びたり腐ったりしない
⑥ 諸物性が温度に影響される（高温でゴムのように柔らかくなり、低温下ではガラスのように硬

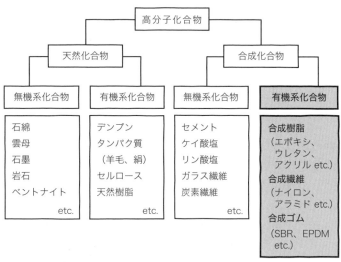

図7・1　有機系化合物の位置づけ

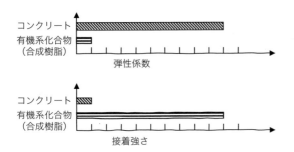

図7・2 有機系化合物（合成樹脂）とコンクリートの性質の比較

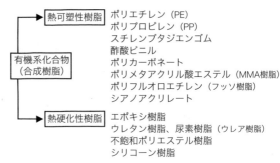

図7・3 有機系化合物（合成樹脂）の分類と種類

くなる性質）
⑦弾性係数（剛性）が小さい（コンクリートの約1/10、鋼材の約1/100）
⑧機械的強度のバランスが良い（圧縮強度は曲げ強度とほぼ同等であり、引張強度はコンクリートの10～20倍ある）

これらの性質を利用して、コンクリート構造物の補修、補強材料、工法などに、数多く活用されてきました。

2 有機系化合物の種類

1 合成樹脂

合成樹脂は、熱に対する性質が特徴的で、熱によって性質が変わる**熱可塑性樹脂**と変わらない**熱硬化性樹脂**に大別されます。

図7・3に合成樹脂の分類と代表的な種類を示しました。

①熱可塑性樹脂

熱可塑性樹脂とは、主として日常生活で利用する

> **episode ♣**
> **初めて石油から合成されたプラスチック**
> 1907年イギリス人のベークランドは、石油から初めてフェノール樹脂というプラスチックを合成しました。外観が松ヤニ（resin）に似ていたことから、合成樹脂（synthetic resin）と呼ばれました。フェノール樹脂は熱硬化性樹脂で、「ベークライト」という商品名で知られ、電気絶縁板などに利用されます。

プラスチック製品です。例えば、冷蔵庫で食品を保存する際の容器や袋、文房具などがあります。これらプラスチック製品は、熱が加わるとチョコレートのように柔らかくなって溶け、冷やすと固まることを何度でも繰り返すことができます。

その構造は、図7・4に示すように、糸状の高分子が互いに絡み合ったようなイメージといわれています。

熱可塑性樹脂は、合成する際にペレットと呼ばれる粒状にします。これに熱を加えて溶かし、板状、管状、シート状、フィルム状などに加工します。合成樹脂の全生産量の80%近くを占めるといわれています。

土木分野では、アクリル樹脂、ポリカーボネート樹脂、塩化ビニル樹脂、高密度ポリエチレン樹脂などの加工品が、遮音板、道路標識、反射板、排水パイプ、PC鋼材用のシース管などに利用されています。

性質は温度の影響を強く受け、0℃以下で脆く、60℃以上で柔らかくなるものが多いため、通常は一般環境（穏和な使用条件）下での適用に限られ、耐久性が必要とされる厳しい環境（過酷な条件）下では使用に適しません。

また接着剤として利用する場合には、一般に強度を必要としない箇所の接着剤に用います。

♣熱可塑性樹脂の固まるしくみ

熱可塑性樹脂を接着剤などに利用する場合は、あ

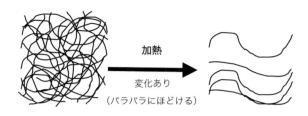

図7・4 熱可塑性樹脂の構造のイメージ

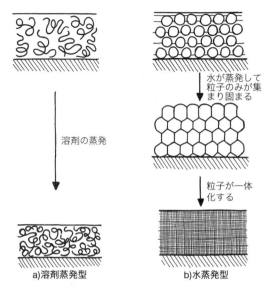

図7・5 熱可塑性樹脂の硬化するしくみ

らかじめ樹脂をシンナーなどの溶剤や水に溶かします。シンナーに溶かした場合を溶剤蒸発型、水に溶かした場合を水蒸発型といいます。固まるしくみを図7・5に示します。

● 溶剤蒸発型

溶剤蒸発型は、合成樹脂をシンナーなどの溶剤に溶かしたもので、溶剤が空気中に蒸発することによって固まります。

取り扱いが容易なため、一般的な塗料や日常用品の接着剤（例えば、自転車タイヤのパンク補修用接着剤など）としての利用が多く、ホームセンターなどで多くの種類（アクリル樹脂、ポリ塩化ビニル、ポリビニルアルコールなど）のものが販売されています。

しかし固める場合には溶剤の蒸発が不可欠なため、取り扱いには以下の注意が必要です。

① 1度に厚付けできない（厚いと表面だけが固まり、中が固まらない場合や、肉やせして固まる場合がある）
② シンナーが蒸発するため、密閉された部屋では新鮮な空気との換気が必要である
③ 硬化したものをシンナーに浸すと再び溶けて柔らかくなる

● 水蒸発型（エマルション、ラテックス）

水蒸発型は、樹脂を水に溶かす、または牛乳のように水のなかでひじょうに細かい粒状に分散させて（樹脂を分散させた場合をエマルション、ゴムを分散させた場合にはラテックスと呼びます）、塗料やセメントモルタルの性能を改善する混和材として利用します。

水蒸発型の塗料は、シンナーのように蒸発する際に空気を汚さないため、作業する人への健康被害がなく、また引火による火災の心配もないため、脱公害型、環境保全型樹脂といわれて普及しています。しかし、溶剤蒸発型の塗料に比較して、蒸発する速度が遅く、耐久性が劣るなど、まだ課題が残されています。

② 熱硬化性樹脂

熱硬化性樹脂は、2成分以上の薬液を混ぜ合わせると化学反応によって固まります。耐熱性に優れ、安定した物性をもち、熱可塑性樹脂のように熱を加えても柔らかくならず、その形を保った状態でクッキーのように焦げてしまう性質をもったグループをいいます。その構造のイメージは、図7・6に示すようなジャングルジムのような立体構造形（3次元編目構造）といわれています。

✤ 熱硬化性樹脂の一般的な特徴

熱硬化性樹脂は、以下の特徴をもち、強度が必要な構造用の接着剤に利用されます。

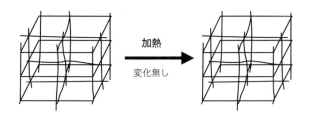

図7・6 熱硬化性樹脂の構造のイメージ

① 1度に厚付けできる（シンナーなどの溶剤に溶かしていないため、固まる時に肉やせしない）
② 機械的強度（圧縮、曲げ、引張強度）が強く、バランスが良い
③ 接着性が高い
④ 熱に強い（熱で解けない）
⑤ 溶剤に溶けない（耐薬品性に優れる）
⑥ 引火点が高い

✤ **熱硬化性樹脂の固まるしくみ**

熱硬化性樹脂は、熱可塑性樹脂と異なり、2成分あるいは3成分の薬液を、使用する際に混ぜ合わせて化学反応させて固めて使用します。これらの薬液は、役割に応じて主剤、硬化剤、硬化促進剤などといい、薬液の主成分の名称をとって、**エポキシ樹脂**、**ウレタン樹脂**などと呼びます。

● 比較的ゆっくり固まるタイプ

比較的ゆっくり固まるタイプには、主剤と硬化剤の2液に別れたものが比較的多くあります。主剤と硬化剤を所定の配合比（重量比）で計量し、均一に混合、攪拌して使用することが重要です。練混ぜが不十分な場合には、性能を発揮せず、最悪の場合、固まらないこともあります。代表的な樹脂には、エポキシ樹脂やウレタン樹脂があります。

● 短時間で固まるタイプ

短時間で固まるタイプには、主剤、硬化剤、硬化促進剤の3液に別れたものが比較的多くあります。

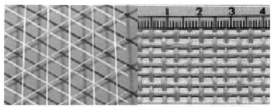

図7・7 建設分野で使われるいろいろな合成繊維の形態

固める時の配合比は重量比で、主剤：硬化剤：硬化促進剤 = 100：1：(0.1～0.01)など、2液で固めるタイプに比較して、硬化剤と硬化促進剤はひじょうに小さい比率となっています。

化学反応は、ラジカル反応（過激または急速な反応）と呼ばれ、ドミノ倒しのように、1つのきっかけで連鎖的に反応します。特に硬化促進剤は、起爆剤のような役割を果たし、種類を選ぶことによって、固める速度の調整や0℃以下の低温下でも固めることができます。しかし、温度が高い時に混ぜると、急激に発熱して固まることや、固まる際に大きく収縮するなどの欠点があるため、取り扱いには注意が必要です。

代表的な樹脂には、**ポリエステル樹脂**などがあります。

2 合成繊維

合成繊維は、製造する際に合成樹脂を細く、長く引き延ばして繊維状にしたもので、原料となる高分子の種類で分類します（図7・7）。橋脚などの耐震補強や高架からのコンクリート片の剥落防止用のネットなどに利用されています。主な繊維には、アラミド繊維（ポリアミド系）やビニロン繊維（ポリビニルアルコール系）などがあります。また、高強度繊

表7・1 土木分野で利用される各種繊維とPC鋼線の比較

	アラミド	ビニロン	カーボン	ガラス	PC鋼線
比重	1.45	1.3	1.8	2.6	7.85
引張強度 (N/mm^2)	2800	700〜1500	2600〜4500	3500〜3600	1950
弾性係数 ($×10^3 N/mm^2$)	130	11〜37	235	74〜75	201
破断時伸び (%)	2.3	7	1.3〜1.8	4.8	6.4
膨張係数 ($×10^{-6}/℃$)	−6	−1〜2	−0.7	8〜12	12
特徴	破断時の伸びが大きく、耐衝撃性(防弾チョッキに利用)に優れるが、紫外線に弱い	耐アルカリ性に優れるため、セメントモルタルのなかに練り込んで、乾燥収縮によるひび割れの発生を防止する	アラミド繊維に比較して、弾性係数は大きいが、反面、破断時の伸びが小さく、耐衝撃性に劣る。しかし、酸、アルカリなどの耐薬品性や紫外線に強く耐候性に優れる	—	—

維として有名なカーボン繊維は、アクリル系繊維を800〜1500℃の高温で蒸し焼きにして炭にした繊維です。

アラミド繊維(ポリアミド系)、**ビニロン繊維、カーボン繊維**の一般的特徴を以下に示します。

①軽量である(鋼材に比べて比重が小さい)

②高耐食性である(鋼材のように錆びない)

③高強度である(引張強度は鋼材の数倍あり、降伏点を示さず、脆性的な破壊をする)

土木分野で利用される各種繊維とPC鋼線との比較を表7・1に示しました。たいへんに軽くて強い材料であることがわかるでしょう。

3 合成ゴム

合成ゴムとは、ゴム状の弾性を示す合成高分子材料をいいます(図7・8)。

特に**スチレン−ブタジエンゴム(SBR)**は、最初につくられた合成ゴムで、現在も全合成ゴム生産量の50%以上を占めています。

その他には、**ブタジエンゴム(BR)、ブチルゴム(IIR)、エチレン−プロピレンゴム(EPM、EPDM)、ニトリルゴム(NBR)、クロロプレンゴム(CR)、フッ素ゴム、ウレタンゴム**など、多種多様な合成ゴムが開発されています。

合成ゴムは、加熱すると柔らかくなるという点では、熱可塑性樹脂と似ているところがありますが、

図7・8 橋桁と橋台を合成ゴムで被覆したチェーンでつなぐことで、橋桁が落下を防止する装置(出典:ショーボンド建設㈱工法カタログ)

加熱しても完全には溶けず、粘りのある液体となります。

合成ゴムの性能は、組成によって異なりますが、天然ゴム(NR)に比較して、おおよそ次のような性能をもちます。

①耐熱性、耐寒性に優れる

②耐屈曲、耐亀裂性に優れる

③耐摩耗に優れる

④耐老化性に優れる

⑤圧縮永久ひずみ、永久伸びが小さい

建設分野では、溶剤蒸発型の接着剤や床版防水材に、工場製品(成形ゴム)としては、橋梁の免震支承(地震の時に橋が落ちるのを防止する装置)や道路橋の伸縮継手装置などに利用されています。

3 コンクリート構造物の補修・補強分野における合成樹脂材料の用途

コンクリート構造物の劣化機構に応じて数多くの補修・補強工法が開発され、その主要材料として熱硬化性樹脂が活用されています。表7・2に劣化の症状に応じた補修・補強工法、適用部位、熱硬化性樹脂材料の用途の一例を示しました。

1 エポキシ樹脂

表7・2に示したように、熱硬化性樹脂材料の用途は、①注入材、②含浸材、③樹脂モルタルやポリマーセメントの結合材（セメントの代わりとなる物）、④表面被覆材（塗料）の4つに分類できます。

熱硬化性樹脂材料のなかでも、エポキシ樹脂系接着剤は、他の合成樹脂にない卓越した物性があることから、1960年代から用いられるようになり、現在では最も多く活用されています。エポキシ樹脂系接着剤を例に挙げ、特徴や用途を以下に述べます。

①特徴

♣長所

①他の熱硬化性樹脂（ウレタン、尿素、不飽和ポリエステルなど）より硬化収縮率（0.1～1.0％）が小さい
②金属、プラスチック、木材、ガラス、コンクリート、セラミクスなど、広範囲の材料に対し、接着性に優れる
③強度が低いものから高いものまで、比較的自由に設計できる
④耐水性、耐アルカリ性、耐弱酸性、耐溶剤性に優れる
⑤電気特性（電気絶縁性）に優れている
⑥硬化中に放出される揮発物質がない

♣短所

①低温下（5℃以下）での硬化が遅い
②紫外線によって劣化しやすい

表7・2 コンクリート構造物の補修・補強分野における熱硬化性樹脂材料の用途の一例

劣化機構	補修・補強工法名		適用部位	熱硬化性樹脂材料の用途
中性化 塩害 凍害 化学的侵食 アルカリ骨材反応	ひび割れ補修工法	表面処理工法	コンクリート構造物全般	表面被覆材（塗料）
		注入工法		注入材
		充填工法		弾性シーリング材
	断面修復工法			樹脂モルタル、ポリマーセメントの結合材
	表面被覆工法			表面被覆材（塗料）
	剥落防止工法		RC高欄 床版水切り部	ガラス繊維シートやビニロン繊維シートの含浸接着剤
疲労	鋼板接着工法 FRP接着工法		橋梁〔床版、桁、梁〕	・コンクリート躯体と補強材（鋼板、鋼製桁）との隙間への充填材（注入材）・カーボン繊維シートやアラミド繊維シートの含浸材
耐震	鋼板巻立て工法 FRP巻立て工法		橋梁〔橋脚、柱〕	

episode ♣ エポキシ樹脂接着剤の歴史

エポキシ樹脂は、1934年にオーストラリアで製造特許が出されました。日本に接着剤として輸入されたのは1947年、スイス・チバガイギー社の「アラルダイト（商品名）」です。国産化は1962年に始まりました。

建設分野での利用は、1960年代からで、1963年に日本材料学会にコンクリート工事用樹脂研究委員会が設立され、研究と普及が進みました。

1964年には、新潟地震で開通前の昭和大橋が落橋しました。復旧工事では、ひびが入った床版にエポキシ樹脂接着剤を注入して補修され、現在も立派に活躍しています。

新潟地震30周年記念モニュメント

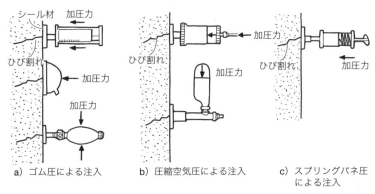

図7·9　各種のひび割れ注入工法の1例（出典：『コンクリートのひび割れ調査、補修・補強指針2013』公益社団法人日本コンクリート工学会）

図7·10　ゴム圧によるひび割れ注入工法（出典：ショーボンド建設㈱工法カタログ）

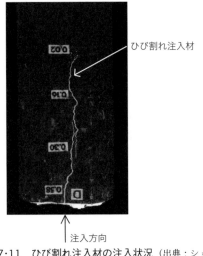
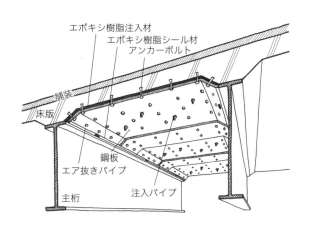

図7·11　ひび割れ注入材の注入状況（出典：ショーボンド建設㈱工法カタログ）

図7·12　床版補強－鋼板接着工法（出典：ショーボンド建設㈱工法カタログ）

②用途

✣ひび割れ注入材

コンクリートのひび割れの補修材として、JIS A 6024「建築補修用注入エポキシ樹脂」が規定され、強度の高い硬質形と伸び率50％以上の柔軟形の2種類があります。また土木学会では、構造物の使用環境（特に温度と水の影響）を考慮して、ひび割れ注入材の試験方法が規定されています。

従来、ひび割れから水が漏れている場合には、水によって固まらないことや、接着性が劣るなどの問題点もありましたが、最近では、湿潤面用の注入材が開発されています。

ひび割れの中へ注入材を入れる方法は、図7·9に示すようなひび割れ補修専用の注入器具を使用しておこないます。また、図7·10は、ゴム圧による注入工法の状況、図7·11はゴム圧で注入された箇所のコンクリートをϕ100mmでコア抜きし、注入された樹脂の状態を調べたものです。ひび割れ幅は、コンクリート表面では0.58mmで、約20cm深さでは0.02mmまで狭くなっていましたが、細部まで注入材が充填されている状況が観察できます。

また、ひび割れ注入材の耐久性については、40年以上あると確認された報告[文献1]もあります。

✣充填材

道路橋の鉄筋コンクリート床版は、断続的な重量車両の走行によって疲労し、ひび割れが発生します。

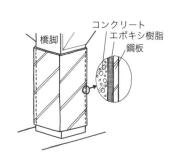
図7・13 耐震補強—鋼板巻立て工法（出典：ショーボンド建設㈱工法カタログ）

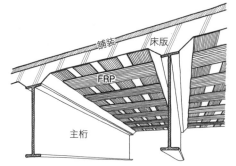
図7・14 床版補強—FRP接着工法（出典：ショーボンド建設㈱工法カタログ）

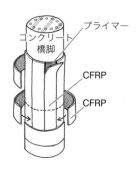
図7・15 耐震補強—FRP巻立て工法（出典：ショーボンド建設㈱工法カタログ）

その補強方法には、図7・12に示す鋼板接着工法があります。また、図7・13は、コンクリート橋脚の耐震補強工法である鋼板巻立て工法です。

いずれの工法もコンクリート躯体と補強材である鋼材の隙間（t＝約5mm）に、エポキシ樹脂接着剤を注入・充填して、コンクリート躯体と補強材を一体化して補強する工法です。

充填材には、硬化収縮が小さく、接着性に優れている性能が必要なことから、エポキシ樹脂が主として使用されます。

✤ 接着剤（複合材の結合材としての利用含む）

前述した鋼板接着工法や鋼板巻立て工法と同様に、道路橋の鉄筋コンクリート床版補強（図7・14）や橋脚耐震補強方法（図7・15）として、カーボン繊維シートやアラミド繊維シートに、接着剤を現場で含浸させながら積層化し、コンクリート躯体に接着させるFRP（Fiber Reinforced Plastics）接着（FRP巻立て）工法があります。

カーボン繊維やアラミド繊維は、軽くて強く、錆びないという性質をもつことから、海岸部や都市部で交通量が多く、道路幅の狭い箇所にある橋梁に適用されます。

カーボン繊維シートやアラミド繊維シートに含浸してFRPとする接着剤には、エポキシ樹脂接着剤が最も多く利用されています。

✤ 表面被覆材（塗料）

鋼材の錆を防止する塗料と区別するため、コンクリート構造物に塗布する塗料を表面被覆材と呼びます。コンクリート表面に塗布することから、表面被覆材にはアルカリ性に強いこと、コンクリートのひび割れの開閉に追従する性質が求められ、中性化や塩害などで劣化したコンクリート構造物の補修を目的に適用されます。

エポキシ樹脂は接着性、ガス遮断性(酸素、炭酸ガス)、遮水性、水蒸気遮断性、耐薬品性、気温の変化に伴うひび割れの開閉に追従する性質に優れています。

---

episode ♣
何が違うの？ "注入材" "含浸材" "充填材"

器具を使って注射することを、注入する（inject）といいます。ひび割れには、器具を使って接着剤を注射するので、この接着剤を"ひび割れ注入材"と呼びます。

含浸する（impregnate）とは、液体などを物にしみ込ませることです。アラミド繊維やカーボン繊維に接着剤をしみ込ませて固め、FRP(Fiber Reinforced Plastic)にします。この接着剤を"含浸材"と呼びます。

そして充填する（fill）とは、物で空間を一杯に満たすことです。

コンクリート躯体と補強材である鋼板との間に設けた隙間（t＝5mm）に接着剤を注入し、接着剤で隙間を一杯に満たす時、この接着剤を"充填材"と呼びます。

このように、接着剤は使い方に応じて呼び名を付けて区別しているのです。

しかし、紫外線による変色や表面の白亜化（チョーキング）などが生じやすく耐候性に問題があります。そのため、直射日光に晒される仕上げ材には、耐候性に優れたウレタン系樹脂塗料やフッ素系樹脂塗料などが選択されます。

2 ポリマーセメントコンクリート（ポリマーセメントモルタル）

ポリマーセメントコンクリート（モルタル）とは、普通セメントコンクリート（モルタル）の練混ぜ水の一部を熱可塑性樹脂のエマルションまたは合成ゴムのラテックスに置き換え、普通セメントコンクリート（モルタル）の性状や物性を改善したものです。

エマルションやラテックスの外観は、牛乳のように乳白色の液体で、有効樹脂分（固形分）は35％以上のものが多くあります。

セメントに混和することにより、エマルションやラテックスの水がセメントの水和反応に消費され、溶けていた熱可塑性樹脂や合成ゴムが、セメント硬化体と骨材を強固に接着したり、あるいは、空隙を充填するなどして、普通セメントコンクリート（モルタル）の性状や物性を改善します。

エマルションやラテックスの混入量は、樹脂またはゴムの固形分（P）とセメント（C）との重量比（ポリマーセメント比P/C）で表し、一般に5〜30％の範囲で多く用いられます。

ポリマーセメント比が高くなるほど、樹脂またはゴムの特徴が現れるため、有機系化合物とセメントコンクリート（無機系化合物）の中間の性質をもった材料ともいえます。

エマルションの種類には、アクリル樹脂（PAE）、エチレン酢酸ビニル樹脂（EVA）、ラテックスの種類にはスチレン-ブタジエンゴム（SBR）などがあります。最近では、これらの樹脂やゴムをインスタントコーヒーのように水に溶けやすい粉末にして、あらかじめセメントや骨材（細骨材）と一緒に混ぜ、袋詰めしたプレミックスタイプの製品が多くなって

表7・3 ポリマーセメントモルタルの基本性能の概念

性能	（セメント系）	ポリマーセメント 小← P/C →大		（高分子系）
弾性係数	高	←		低
曲げ強度	低		→	高
引張強度	低		→	高
接着性	可		→	良
湿潤面接着性	可	→	良	
熱膨張係数	小		→	大
吸水率	大	←		小
価格	安		→	高
導電性	有	←		無

(1) 高分子系接着剤の接着性は、一般に水の影響を受けやすい。湿潤面用の接着剤を選定しない場合、接着強度は極端に低下する
(2) この基本性能の比較概念は、繊維を混入していない状態について示している
（出典：『コンクリートのひび割れ調査、補修・補強指針2013』公益社団法人日本コンクリート工学会）

います。プレミックスタイプは、現場で所定量の練混ぜ水を加えるだけで、安定した品質のポリマーセメントコンクリート（モルタル）が得られるため需要が伸びています。

①特徴

ポリマーの種類やP/Cの大小によって異なりますが、普通セメントコンクリート（モルタル）に比較して、以下の特徴があります（表7・3）。

♣長所
① 乾燥収縮が少ない
② 接着性に優れる
③ 引張、曲げ強度が向上する
④ 防水性、遮塩性が向上する
⑤ 耐中性化、耐凍害性が向上する

♣短所
① エマルションによって減水作用や空気連行性が

> **episode ♣ 多用されている専門用語**
>
> ポリは"多"を意味します。ポリマー（polymer）は"高分子（重合体）"といい、分子量が1万以上のものです。
> ポリマーの反対語をモノマー（monomer）といい、ポリマーを合成するときの原料を意味します。モノは"単"を意味します。

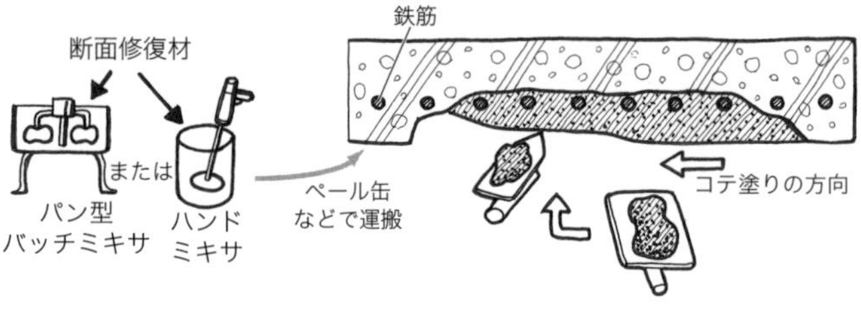

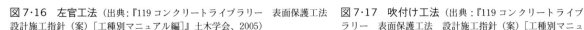

図7・16 左官工法（出典：『119コンクリートライブラリー　表面保護工法　設計施工指針（案）［工種別マニュアル編］』土木学会、2005）

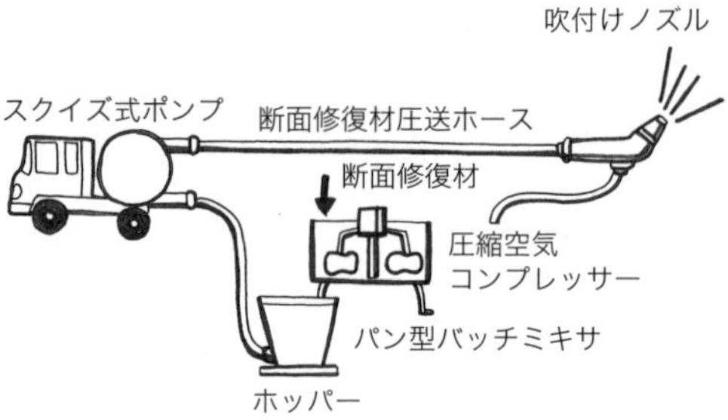

図7・17 吹付け工法（出典：『119コンクリートライブラリー　表面保護工法　設計施工指針（案）［工種別マニュアル編］』土木学会、2005）

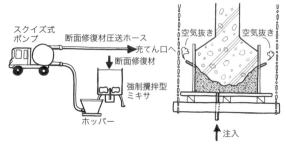

図7・18 型枠充填工法（出典：『119コンクリートライブラリー　表面保護工法　設計施工指針（案）［工種別マニュアル編］』土木学会、2005）

増すため、W/C、空気量の管理が難しい

② 硬化が遅くなる

③ 粘りが出るため、コテ作業性（コテ切れ）が悪くなる

④ 価格が高くなる

②用途

ポリマーセメントコンクリート（モルタル）は、塩害や中性化などで損傷したコンクリート躯体の断面を元の形に修復する断面修復材や、ひび割れ注入材、充填材、表面被覆材（防錆材、下地処理材、中塗り材など）などに多く利用されています。

✤ 断面修復材

断面修復工法の代表的工法は、作業の方法によって、**左官工法**（図7・16）、**吹付け工法**（図7・17）、**型枠充填工法**（図7・18）の3種類に分類されます。

断面修復材に利用されるポリマーセメントのP/Cは、5～10%のものが多いようです。

✤ ひび割れ注入材および充填材

ポリマーセメントは、湿潤面への接着性が良好なことから、漏水のあるひび割れへの注入材に利用されます。また、超微粒子セメントと組み合わせて使用することもあります。

注入方法は、樹脂系のひび割れ注入材と同じように図7・9に示した各種工法がおこなわれます。

✤ **表面被覆材（防錆材、下地処理材、中塗り材など）**

ポリマーセメント系の表面被覆材は、樹脂系と同じように、防錆材、下地処理材、中塗り材に使用されます。

中塗り材のP/Cは20～30%と比較的高く、ポリマーセメントの液体を、一般の塗料のように、ハケ、ローラーハケ、吹付けによってコンクリートの表面に塗装します。

有機系化合物の補修用材料は、土木・建築技術者と化学技術者とが生み出し、育てた共有分野の材料です。今後とも、両技術者の交流を深め、技術を共有することによって、より良い材料の開発と応用が期待されます。

❖参考文献
- ショーボンド建設㈱工法カタログ
- 『119コンクリートライブラリー　表面保護工法　設計施工指針（案）［工種別マニュアル編］』土木学会、2005

❖引用文献

1　『コンクリートのひび割れ調査、補修・補強指針2013』公益社団法人日本コンクリート工学会、2013

演習問題 7-1 高分子化合物の種類を 4 つ挙げ、下記に示す材料をそれぞれ分類しなさい。

ベントナイト、ケイ酸塩、雲母、セルロース、石綿、羊毛、合成ゴム、エポキシ樹脂、天然樹脂、セメント、炭素繊維、アラミド繊維

演習問題 7-2 表面被覆材として使用される合成樹脂の特徴として正しいものを選びなさい。
- A：紫外線によって劣化する
- B：弾性係数がコンクリートよりも小さい
- C：熱膨張係数がコンクリートよりも小さい
- D：熱や電気を伝えにくい
- E：酸やアルカリに弱く腐食しやすい

演習問題 7-3 熱硬化性樹脂の特徴として正しいものを選びなさい。
- A：硬化時の収縮が小さい
- B：接着性が高い
- C：耐熱性に優れる
- D：耐薬品性に劣る
- E：機械的強度が強い

演習問題 7-4 アラミド繊維、ビニロン繊維、カーボン繊維の力学的性質に関して以下の問いに答えなさい。
(1) PC 鋼線と比較して、弾性係数が大きいものを挙げなさい。
(2) PC 鋼線と比較して、引張強度が大きいものを挙げなさい。

演習問題 7-5 ポリマーセメントコンクリートの特徴として正しいものを選びなさい。
- A：コテ作業性に優れ作業性が向上する
- B：急速に硬化する
- C：接着性に優れる
- D：引張強度が向上する
- E：防水性、遮水性が向上する

演習問題 7-6 次の記述のうち、正しいものには○、誤っているものには×をつけなさい。
(1) エポキシ樹脂は温度によりその性質が変化するため、建設材料として使用する際には一般環境（穏和な使用条件）下での適用に限るのが望ましい。
(2) カーボン繊維は、鋼材と比較して引張強度は高いが降伏点を示さずに脆性的な破壊をする。
(3) 道路橋 RC 床版の疲労により発生するひび割れに対しては、エポキシ樹脂を注入して補修する「ひび割れ補修工法」が効果的な対策である。
(4) ウレタン系樹脂塗料やフッ素系樹脂塗料は耐候性に優れているため、直射日光に晒される仕上げ材には適している。
(5) ポリマーセメントモルタルは、普通モルタルに長さ数 mm の合成繊維を混入したものであり、優れた引張性能を有する材料である。

8章 アスファルト

1 アスファルトの役割と種類

1 身のまわりのアスファルト

私たちがよく通る道路。黒っぽい路面には**アスファルト**がふんだんに使われています（図8・1）。しかし、アスファルトは道路以外でもさまざまなところで用いられています。

そもそも、アスファルトはいつごろから使われるようになったのでしょうか。その歴史は意外にも古く、紀元前3800年頃の古代メソポタミアでは**天然アスファルト**が接着剤として用いられており、また紀元前3000年頃の古代エジプトではミイラの防腐剤として天然アスファルトが使われていました。また、旧約聖書にはバベルの塔のレンガの接着剤やノアの箱船の防水剤として天然アスファルトが使われていたと書かれています。

日本でも縄文時代に土器を修理したり、矢じりを矢柄に固定するための接着剤として天然アスファルトを使っています。また、『日本書紀』には668年に天智天皇に「燃える水」と「燃える土」が献上されたと書かれていますが、この燃える水は石油で、燃える土は天然アスファルトだと考えられています。

ところで、今日使われているアスファルトは石油からつくられるものがほとんどで、天然のものはごく少なくなっています。

アスファルトは瀝青材料の1つです。天然に、あるいは人工的につくられた炭化水素の化合物で二硫化炭素に溶解するものを総称して**瀝青**と呼んでいます。この瀝青を主成分に含む材料が瀝青材料であり、アスファルトの他にコールタールやピッチなどがあります。色は黒か暗褐色で、温度の高低によって液体から固体へあるいは固体から液体の状態へと変わります。

2 アスファルトの種類

アスファルトは、図8・2に示すように長い年月を要して自然につくられた天然アスファルトと原油を蒸留する際にできる**石油アスファルト**に大別できます。

天然アスファルトは、地下から湧き出して湖のようになったレイクアスファルト、石灰岩や砂岩のような岩石にしみ込んだロックアスファルト、砂にしみ込んだオイルサンド、岩石にしみ込んだ石油が熱変成を受けてできたアスファルタイトがあります。レイクアスファルトの代表例は、カリブ海に浮かぶトリニダード島にあるピッチ湖です。オイルサンドの産出地としてはカナダ・アルバータ州のアサバス

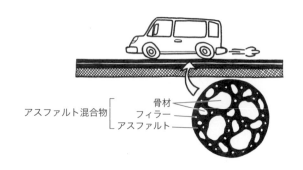

図8・1 身近なアスファルト

天然アスファルト ─┬─ レイクアスファルト
　　　　　　　　　├─ ロックアスファルト
　　　　　　　　　├─ オイルサンド
　　　　　　　　　└─ アスファルタイト

石油アスファルト ─┬─ ストレートアスファルト
　　　　　　　　　└─ ブローンアスファルト

図8・2 アスファルトの種類

図8・3 オイルサンドの大規模露天掘り（提供：サンコアエナジー）

表8・1 ストレートアスファルトとブローンアスファルト

	ストレートアスファルト	ブローンアスファルト
伸び	大きい	小さい
付着性	大きい	小さい
感温性	大きい	小さい
軟化点	低い	高い
主な用途	道路などの舗装	目地・防水

カ地域が有名で、壮大なスケールで露天掘りがおこなわれています（図8・3）。アスファルタイトでは、米国・ユタ州のユインタ盆地で産出されるユインタ石があり、ギルソナイトという名で黒ワニス塗料の素材などとして用いられています。

石油アスファルトは、石油精製過程で最後に残った油からつくられます。石油アスファルトは**ストレートアスファルト**と**ブローンアスファルト**に大別されます。ストレートアスファルトは原油中のアスファルト成分が変化しないように製造されたものですが、ブローンアスファルトは製造中に空気を吹き込んで酸化させたものです。これら2つのアスファルトの性質の違いをまとめたものが表8・1です。

ストレートアスファルトは主に道路などの舗装に使用され、ブローンアスファルトは目地や防水用として使われています。

石油アスファルトの品質については、次節で述べるようにJIS規格で定められています。なお、このJIS規格では、ストレートアスファルト、ブローンアスファルトに加えて、防水工事用アスファルトも石油アスファルトの1つに分類されていますが、これは用途上の分類であり、製造上はブローンアスファルトに含まれるものです。

現在さまざまなところで一般的に用いられているのは石油アスファルトですから、次節以降ではこの石油アスファルトについて詳しくみていくことにしましょう。

3 石油アスファルト

石油アスファルトは、図8・4に示すように原油から石油製品を製造する過程で最後に残った油（残油）でできています。原油を加熱して蒸気にし、常圧蒸留装置内で大気圧より少し大きな圧力下で沸点の違いを利用して液化石油ガス、ナフサ（ガソリン）、灯油、軽油、重油などに分離（蒸留）する時に残留分（常圧残油と呼ぶ）がでます。この残留分を再加熱した後に減圧蒸留装置内に送り、軽油や潤滑油を分離した後に残ったもの（減圧残油）がストレートアスファルトになります。ブローンアスファルトは、200〜300℃の高温下で減圧残油に空気を吹き込むこと（ブローイング）によって酸化させ抽出したものです。

日本では、石油アスファルトのほとんどがストレートアスファルトで、ブローンアスファルトはほんのわずかしか製造されていません。

アスファルトの性質は、原油産出地や石油精製方法などによって異なります。そこで、使用目的に適したアスファルトを選ぶためにさまざまな性質について試験をおこない調べておく必要があります。そのいくつかを次にみていきましょう。

解説 ♠ ストレートアスファルトの化学組成

ストレートアスファルトの化学組成はアスファルテンとマルテンに大別されます。有機溶媒であるノルマルペンタンに溶けるかどうかで分類しており、アスファルテンは溶けない成分です。マルテンはさらにレジンとオイルに分けられます。アスファルテンがアスファルトの硬さや脆さを左右し、マルテンのうち特にレジンが接着性や可塑性を与えて塑性変形性を左右しています。

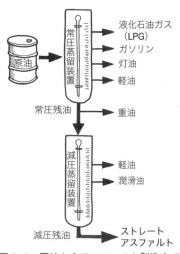  

図8・4　原油からアスファルト製造まで　　図8・5　針入度試験の様子　　図8・6　伸度試験の様子

①アスファルトの性質を表わす項目

✤針入度

針入度とはアスファルトの硬さを表わす尺度です。25℃のアスファルトの表面から規定の針に100gの重りを載せて5秒間貫入させた時の貫入量を0.1mm単位で表わしたものです（図8・5）。例えば、1mm貫入したとすると針入度は10ということになります。針入度が大きいほど針が通りやすい、すなわち軟らかいアスファルトということになります。

✤軟化点

軟化点とは軟らかくなりやすさを表わす尺度であり、温度の上昇とともにアスファルトがある程度軟らかくなる時の温度のことです。"ある程度"とは、規定の寸法の円板状のアスファルト供試体の上に規定の鋼球を載せたまま周囲の温度を一定の割合で高くしていくとアスファルトが軟らかくなって鋼球を載せた箇所を中心に垂れ下がってきますが、この垂れ下がりが1インチ（すなわち24.5mm）に達するくらい軟らかいということです。軟化点が低いほど、温度が高くなるとアスファルトが軟らかくなりやすいということになります。

✤伸度

伸度とはアスファルトの伸びやすさを表わす尺度です。規定の寸法のアスファルト供試体を所定の温度に保った水中で一定の速度で引き伸ばして切断した時の伸び長さをcm単位で表わしたものです（図8・6）。7℃、15℃あるいは25℃の水温で試験をおこないます。

✤引火点

引火点とはアスファルトの引火のしやすさを表わす尺度で、規定量のアスファルトを入れた容器を一定の割合で加熱していくとアスファルト表面から蒸気がでてきますが、この蒸気に引火する時の温度を℃単位で表わしたものです。アスファルトは加熱して用いる場合が多いため、作業の安全性を表わす指標として用いられています。

✤粘度

アスファルトの粘っこさを表わす尺度です。高温（120～200℃）状態の粘度を求める場合や60℃での**粘度**を求める場合があります。高温状態で求める場合は、アスファルトが規定の毛細管（不透明液用粘度計）中を規定量流れるのに要する時間を測定して求めます。また、60℃の場合には、40kPa減圧下でアスファルトが規定の毛細管（減圧毛管式粘度計）中を所定の距離流れるのに要した時間を測定して求めます。これは、アスファルトは高温では軟らかく

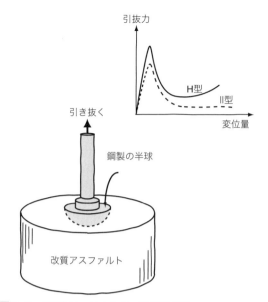

図8・7 タフネス・テナシティ試験の様子

表8・2 舗装用ストレートアスファルトの主な種類と特徴

種類 項目	40〜60	60〜80	80〜100	100〜120
針入度（25℃） 1/10mm	40〜60	60〜80	80〜100	100〜120
軟化点（℃）	47.0〜55.0	44.0〜52.0	42.0〜50.0	40.0〜50.0
伸度（15℃） cm	≧10	≧100		
引火点（℃）	≧260			
密度（15℃） g/cm³	≧1.000			
主な用途	一般地域で交通量が多いところ	一般地域	寒冷地域	寒冷地で特に低温度によるひび割れが懸念されるところ

（出典：JIS K 2207-1996）

ストレート　改質　　　改質　　　改質　　　改質
アスファルト　アスファルト　アスファルト　アスファルト　アスファルト
60-80　　　　Ⅰ型　　　　Ⅱ型　　　　Ⅲ型　　　　H型

図8・8 ストレートアスファルトと改質アスファルトの流動に対する抵抗性

て自然に流れる状態になりますが、60℃程度ではそれほど軟らかくないので減圧して無理に引っ張ってやる必要があるからです。粘度の大きいアスファルトは粘っこく流動しにくいアスファルトです。

✤ **タフネス・テナシティ**

　タフネス（把握力）はアスファルトが骨材を把握する強さを表わす尺度であり、テナシティ（粘結力）は大きな変形に対するアスファルトの抵抗の大きさを表わす尺度です。これらは、次の節で登場する**改質アスファルト**の品質検査に用いられています（表8・5）。アスファルトに規定サイズの鋼製の半球を埋め込んだ後、一定の速さで半球を引き抜いていき、アスファルトが伸びきれず破断するまでに得られる引抜き力−変位曲線から求めます（図8・7）。

②**舗装用石油アスファルト**

　石油アスファルトのうち舗装に用いられているのは主にストレートアスファルトですが、製造条件によってさまざまな種類があり、JIS規格では針入度によって10種類に分類しています。道路舗装でよく用いられるのは表8・2の4種類です。一般地域でよく用いられるのは60〜80、寒冷地域では80〜100が用いられていますが、交通量などの条件によっては違うものを用いる場合もあります。

　ブローンアスファルトは軟化点が高く感温性にも優れていることから、屋根や建材などの防水、道路用の目地や電気絶縁用の材料として使われています。

4　改質アスファルト、アスファルト乳剤

①**改質アスファルト**

　改質アスファルトとは、主に石油アスファルトにゴムなどを改質材として加えたり、あるいは空気を吹き込むなどして性質を改善したアスファルトのことです。改質アスファルトには、熱可塑性エラストマーや熱可塑性樹脂などのポリマーを改質材としており、単独あるいは併用して混合してできるポリマー改質アスファルトと、比較的低い温度下で空気を吹き込むことによってつくられるセミブローンアスファルトなどがあります。改質アスファルトの種類と使用目的を表8・3にまとめておきます。

　ポリマー改質アスファルトでは、表8・3に示すよ

表8・3 改質アスファルトの種類と用途

◎：適用性が高い　○：適用可能　—：適用は考えられるが検討必要

項目		種類	ポリマー改質アスファルト							セミブローンアスファルト
			I型	II型	III型	III型-W	III型-WF	H型	H型-F	
アスファルト混合物の機能		適用混合物	密粒度、細粒度、粗粒度などの混合物に用いる。I型、II型、III型は、主にポリマーの添加量が異なる					ポーラスアスファルト混合物用に用いられる。ポリマーの添加量が多い改質アスファルト		密粒度や粗粒度混合物に用いられる。塑性変形抵抗性を改善したアスファルト
		主な適用箇所								
塑性変形抵抗性（耐流動性）		一般的な箇所	◎	—	—	—	—	—	—	—
		大型車交通量が多い箇所	—	◎	—	—	—	◎	◎	◎
		大型交通量が著しく多い箇所および交差点	—	—	◎	○	○	○	○	—
摩耗抵抗性		積雪寒冷地域	◎	◎	—	—	—	—	—	—
骨材飛散抵抗性			—	—	—	—	—	◎	◎	—
耐水性		橋面（コンクリート床版）	—	○	○	◎	—	—	—	—
たわみ追従性	橋面（鋼床版）	たわみ小	—	○	○	—	◎	—	—	—
		たわみ大	—	—	—	—	◎	—	—	—
排水性（透水性）			—	—	—	—	—	◎	◎	—

（出典：日本道路協会『舗装設計施工指針平成18年度版』）

うに改善した性質項目が異なる4種類があります。I型からIII型、H型へと主に軟化点とタフネスが向上されており、これらは混合物の機能として塑性変形や摩耗に対する抵抗性の改善になっています（図8・8）。H型は主にポーラスアスファルト混合物に用いられる高弾性の改質アスファルトですが、寒冷地用に特にたわみ性を向上させたものがH型-Fです。III型には、耐水性を向上させたIII型-W、さらにたわみ性も改善したIII型-WFがあり、前者は主にコンクリート床版の橋面舗装に用いられ、後者は鋼床版の橋面舗装に使用されています。

セミブローンアスファルトは、感温性を改善し60℃の粘度をストレートアスファルトよりも大きくしたもので、耐流動性に優れたアスファルトです。大型車交通量の多い箇所で用いられます。

改質アスファルトを使用する場合には、適用する道路の交通条件や気象条件などを勘案して適切に使用することが大切です。

②**アスファルト乳剤**

ストレートアスファルトもブローンアスファルトも常温では半固形状ですが、常温でも液状にしたものが**アスファルト乳剤**です。

アスファルト乳剤は、アスファルトを1〜3μmの微粒子にして、乳化剤と安定剤を含む水（乳化液と呼ぶ）に分散させ、アスファルトの粘度を低下させて液体状にしたものです。水分の蒸発によってアスファルトが粘性を回復し硬化していきます。

アスファルト乳剤には、乳化液中のアスファルト粒子が正に帯電しているカチオン系、負に帯電しているアニオン系、およびほとんど帯電していないノニオン系があります。わが国では道路用として使用されるアスファルト乳剤のほとんどがカチオン系乳剤で、アニオン系乳剤が用いられることは少ないです。ノニオン系乳剤は、セメント・アスファルト乳剤安定処理混合用として既設のアスファルト舗装をその場で破砕し既設の路盤材料といっしょに常温（100℃以下）で混合して路盤を再構築する路上再生路盤工法などに使用されています。アスファルト乳剤の種類と用途を表8・4に示しておきます。表中の記号PK、MK、MNについては、Pは表面に散布し染み込ませる浸透用で、Mが骨材と混合して用いる混合用と用途による区分を表わし、またKはカチオ

表8・4 アスファルト乳剤の種類と用途

種類	記号	使用法	主な用途
カチオン乳剤	PK-1	浸透式（表面に散布して染み込む）	温暖期浸透用および表面処理用
	PK-2		寒冷期浸透用および表面処理用
	PK-3		路盤表面に散布するプライムコート用および敷設後のセメント安定処理層の表面に散布して乾燥防止と表面保護用
	PK-4		基層表面に散布するタックコート用
	MK-1	混合式（骨材と混合する）	粒度分布で2.36mmふるい通過分が20〜35%の範囲にある粗粒度骨材の常温(100℃以下)混合用
	MK-2		粒度分布で2.36mmふるい通過分が35〜50%の範囲にある密粒度骨材の常温(100℃以下)混合用
	MK-3		土混じり骨材の常温（100℃以下）混合用
ノニオン乳剤	MN-1		セメント・アスファルト乳剤安定処理混合用

（出典：JIS K 2208-2000）

表8・5 改質アスファルト乳剤の種類と用途

項目		種類	PKR-T	PKR-S-1	PKR-S-2	MS-1
蒸発残留物	軟化点（℃）		≧ 42.0	—	≧ 36.0	≧ 50.0
	タフネス	(15℃)Nm	—	≧ 4.0	≧ 3.0	—
		(25℃)Nm	≧ 3.0	—	—	≧ 3.0
	テナシティ	(15℃)Nm	—	≧ 2.0	≧ 1.5	—
		(25℃)Nm	≧ 1.5	—	—	≧ 2.5
主な用途			基層表面に散布するタックコート用	温暖期表面処理用	寒冷期表面処理用	骨材、水、セメント等と混合したスラリー状混合物を既設の路面に薄敷するマイクロサーフェシング用

（出典：日本アスファルト乳剤協会資料）

ン系乳剤、Nがノニオン系乳剤を意味しています。

これら以外に、浸透性を向上させてプライムコートに用いる高浸透性アスファルト乳剤やアスファルト分を多くした高濃度アスファルト乳剤があります。

ところで、アスファルト乳剤にも性質を改善させたものがあり、**改質アスファルト乳剤**と呼んでいます。改質アスファルト乳剤には、表8・5に示すような天然あるいは合成ゴムを混入して主に接着性を改善したゴム入りアスファルト乳剤（PKR）やマイクロサーフェシングで用いる速硬性の改質アスファルト乳剤（MS）があります。

2 アスファルトの舗装への利用

1 アスファルト混合物とは

道路舗装は、図8・9のような構成となっています。舗装は原地盤の上に構築される路盤、基層、表層の総称と定義されています。舗装の下の1mが路床、その下を路体と呼びます。

アスファルト混合物は、基層や表層に用いられるとともに上層路盤にも用いられています。表層にアスファルト混合物を用いたものがアスファルトコンクリート舗装（アスファルト舗装）、表層にコンクリート版を用いたものがセメントコンクリート舗装（コンクリート舗装）です。現在、わが国では、アスファルト舗装が主流であり、コンクリート舗装は数％使用されているに過ぎません。その理由としては、コスト、施工性、締固めてすぐに車両を通すことができる、補修が容易であるなど、アスファルト舗装が有利であることが挙げられます。

アスファルト舗装は、交通車両から受けた荷重を

解説 ◆ プライムコート、タックコートとは？

アスファルト舗装で砕石のような粒状材料で路盤を構築する場合、路盤の表面にアスファルト乳剤を均一に散布しますが、これをプライムコートと呼んでいます。これによって、乳剤が浸透して路盤表面部を安定化させて、水分の蒸発を防いだり、その上に設ける基層とのなじみ（接着性）を向上させることができます。基層の上には路面となる表層を施工します。共にアスファルト混合物でつくられています。この時、基層を構築したあとにアスファルト乳剤をその表面に一様に散布しますが、これをタックコートといいます。これにより表層と基層の接着性が向上し、ずれにくくなります。

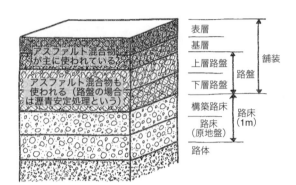

図8・9　道路舗装の断面

図8・10　アスファルト舗装に作用する外力

図8・11　わだち掘れ

図8・12　ひび割れ

分散させ下層に伝達します。同時に、図8・10に示すように、車両による繰り返し荷重や過積載車両などの過酷な交通作用と気象作用とを直接受けています。長期間、安全で快適な路面を道路の利用者に提供するために、アスファルト舗装には次のような性能が要求されます。

① わだち掘れ（タイヤの跡）（図8・11）などの塑性変形に対する抵抗性（耐流動性）
② ひび割れ（図8・12）などの疲労に対する抵抗性
③ アスファルトの劣化や水に対する抵抗性
④ タイヤと路面とのすべり抵抗の確保
⑤ 水の浸入を防ぐ不透水性

アスファルト舗装には、加熱アスファルト混合物が主に使われています。加熱アスファルト混合物は、一般に砕石、砂、フィラーなどの骨材をアスファルトで結合（接着）しています。加熱アスファルト混合物には、表8・6に示すような種類があり、骨材の使用割合と図8・13の粒度曲線の分布で大きく分類されています。骨材の2.36mm通過量が50％以上のものを**細粒度アスファルト混合物**、35〜50％のものを**密粒度アスファルト混合物**、20〜35％のものを**粗粒度アスファルト混合物**と呼んでいます。特殊な粒度としては、2.36mm通過量が30％以下の**開粒度アスファルト混合物**があります。水を浸透させるような**ポーラスアスファルト混合物**はこの開粒度タイプの混合物の1種です。また、2.36mmと0.6mmの通過量の差が10％未満のものをギャップタイプとして区別しています。

2 アスファルト混合物に用いる骨材

アスファルト混合物には、骨材が使われます。骨材は、粒径の大きなものを**粗骨材**、小さなものを**細骨材**と呼んでいます。アスファルト混合物用の骨材はコンクリート用と異なり、粒径が2.36mm以上のものを粗骨材、それ以下のものは細骨材と呼びます。

表8・6 アスファルト混合物の種類

種類
粗粒度アスファルト混合物（20）
密粒度アスファルト混合物（20、13）
細粒度アスファルト混合物（13）
密粒度ギャップアスファルト混合物（13）
開粒度アスファルト混合物（13）
ポーラスアスファルト混合物（20、13）

（　）内の数字は骨材の最大粒径（mm）を示す

表8・7 砕石の品質目標値

項目	用途	表層・基層
表乾密度（g/cm³）		2.45 以上
吸水率（％）		3.0 以下
すり減り減量（％）		30 以下

（出典：日本道路協会『舗装施工便覧平成18年度版』）

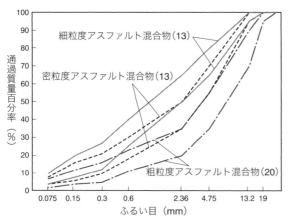

図8・13　各種アスファルト混合物の粒度範囲

図8・14　アスファルト混合物用の粗骨材

①粗骨材

　アスファルト混合物用の粗骨材は、適切な粒度をもっていて、均等質かつ強硬で耐久性があり、図8・14のような細長いあるいは扁平な石片を含んでいないことが重要です。このため、砕石の品質は、表8・7を目標としています。また、ごみや泥や有機物などを含んでいないことも必要です。加熱アスファルト混合物は170℃程度で加熱混合されることから、加熱時の骨材安定性も必要となります。特に、骨材とアスファルトとの付着性は、アスファルト混合物そのものの耐久性に大きな影響を与えることから重要となります。この他、粗骨材には、交通車両の走行による摩耗や破砕に対する抵抗性、凍結融解に対する抵抗性にも配慮する必要があります。

　粗骨材には、一般に**砕石**を用いますが、このほか玉砕利（たまじゃり）、砂利、鉄鋼スラグや再生骨材なども使用します。粗骨材の粒度は、JIS A 5001「道路用砕石」に規定されており、アスファルト混合物には5号、6号、7号砕石が多く使われています。表8・8にそれぞれの砕石の粒度を示しておきます。また、アスファルト舗装に騒音低減などの性能を要求する時には、粒径を13〜10mm、10〜5mm、8〜5mmに調整して用いる場合もあります。

②細骨材

　細骨材は、粗骨材と同様、均等質かつ強硬で耐久性があり、ごみ、泥、有機物などを含んでいないことが重要です。細骨材には、**天然砂**、**人工砂**、**スクリーニングス**などがあります。

　天然砂は、採取する場所により、川砂、山砂、海砂などに分かれます。また、採取場所によって粒度などの品質が変化しやすいので、じゅうぶんな品質管理が必要となります。海砂には塩分が含まれていますが、コンクリートと違ってアスファルト混合物に使用しても品質には特に影響を及ぼしません。

　人工砂は、岩石や玉石を破砕したものです。スクリーニングスは砕石、玉砕を製造する時に発生する粒径2.36mm以下の部分のことです。このため、スクリーニングスは、泥などの有害物を含むことがあるのでじゅうぶんな品質管理が必要です。スクリーニングスの粒度範囲は、表8・9を標準としています。

表 8・8　砕石の粒度

ふるい目の開き（mm）		ふるいを通るものの質量百分率（%）					
粒度範囲（mm）							
呼び名		26.5	19	13.2	4.75	2.36	1.18
単粒度砕石	S-20（5号）20〜13	100	85〜100	0〜15			
	S-13（6号）13〜5		100	85〜100	0〜15		
	S-5（7号）5〜2.5			100	85〜100	0〜25	0〜5

（出典：JIS A 5001-1995）

表 8・9　スクリーニングスの粒度範囲

種類	呼び名	通過質量百分率（%）					
		ふるい目の開き					
		4.75 mm	2.36 mm	600 μm	300 μm	150 μm	75 μm
スクリーニングス	F-2.5	100	85〜100	25〜55	15〜40	7〜28	0〜20

（出典：JIS A 5001-1995）

③フィラー

フィラーは、75μm以下の鉱物質の粉末です。一般には、石灰石やその他の岩石を粉砕した石粉を使用しますが、消石灰、セメント、回収ダストやフライアッシュなどを用いる場合もあります。フィラーは、アスファルトと一体になって骨材の間隙を充填し、アスファルト混合物の安定性や耐久性を向上させるものです。同時に、フィラーはアスファルト混合物の感温性を改善する性質があります。しかし、フィラーを多量に用いるとアスファルト混合物の安定性は高くなりますが、低温時にひび割れが発生しやすくなります。逆に、少なすぎるとアスファルト混合物の空隙が大きくなり、気温の高い時期に塑性変形によるわだち掘れが生じやすくなります。

フィラーの品質はJIS A 5008「舗装用石灰石粉」に規定されています。フィラーは1％以上の水分を含むと粒子が集まって粒状になる（団粒化）ことがあるため、貯蔵には注意が必要です。

3　適材適所で使われるアスファルト混合物

アスファルト混合物の種類は、舗装に要求される

解説 ♣ アスファルト混合物の特徴とは？

アスファルト舗装の道路では、大きなうねりのようなわだち掘れや亀の甲羅のような模様のひび割れを見ることがあります。これは、アスファルト混合物（アスファルト）の力学的性質をよく表している現象です。材料の力学的性質を表す指標の1つとして、アスファルト混合物でも弾性係数と同様なものがあります。しかし、アスファルト混合物の場合には、温度と載荷速度に大きく依存することからスティフネスと呼ばれています。下の図は、日本道路協会から発行されている舗装設計便覧に示されているスティフネスの一般的な範囲を図示したものです。これをみると、私たちがよく利用する0〜40℃の範囲では、スティフネスのオーダーが2桁も変わることがあることがわかります。

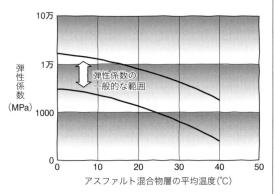

アスファルト混合物のスティフネス（弾性係数）
（出典：日本道路協会『舗装施工便覧平成18年度版』）

性能に加え、適用箇所、交通条件、気象条件、施工条件などを考慮して選定します。各種のアスファルト混合物は、機能と用途により表8・10ような箇所に主に使用されます。

アスファルト混合物は、水に弱い性質があります。このため、一般には、舗装の内部への水の浸入を防ぐことが最も重要となります。

粗粒度アスファルト混合物は、通常、基層に用いられます。密粒度アスファルト混合物は、混合物が最も密に詰まる骨材粒度の組み合わせで、わだち掘れも起きにくいことから、一般地域や交通量の多い箇所に使われています。細粒度アスファルト混合物は、骨材の粒度が細かいことから、水を通しにくく、ひび割れにくい特徴があります。

表8・10 表層用混合物の種類と特性

アスファルト混合物	特性					主な使用箇所		
	耐流動性	耐摩耗性	すべり抵抗性	耐水性・耐ひび割れ	透水性	一般地域	積雪寒冷地域	急勾配坂路
密粒度アスファルト混合物（20、13）						●		●
細粒度アスファルト混合物（13）	△		○			●		
密粒度ギャップアスファルト混合物（13）			○			●		
開粒度アスファルト混合物（13）		△	○		○			
ポーラスアスファルト混合物（20、13）	○	△	○		○	●	●	

＊特性欄の○印は、密粒度アスファルト混合物を標準とした場合、これより優れていることを、無印は同等であることを、△印は劣ることを示す
＊△印の場合、その特性を改善するために改質アスファルトを使用することもある
＊主な使用箇所の●は、使用実績の多い地域、場所を示す
（出典：日本道路協会『舗装施工便覧平成18年度版』）

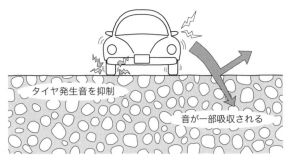

図8・15 タイヤ発生音や騒音の低減

図8・16 明色骨材を用いた舗装

開粒度アスファルト混合物やポーラスアスファルト混合物は、舗装の内部に水が浸透することから、車道では車両の走行による水はねやスリップ事故の防止などの交通安全対策として、歩道ではすべり防止・歩行性の確保や雨水の地中への還元などを目的として採用されています。また、舗装の空隙が、交通車両の走行に伴い生じるタイヤ発生音の抑制や騒音を吸収・拡散する（図8・15）ことから、騒音低減効果を目的としても採用されています。開粒度アスファルト混合物やポーラスアスファルト混合物では、舗装の内部に水が浸入することから、表8・3の**ポリマー改質アスファルトH型**などの骨材との把握力が大きい改質アスファルトが使われています。近年は、アスファルトもさらに改良され、耐久性がひじょうに高くなっています。

このほか車両の走行安全性や環境配慮などとして、アスファルト混合物中の骨材を図8・16のように明るい色の骨材に置き換えて明色機能をもたせたもの、すべり止め機能をもたせたもの、凍結抑制材やゴムやウレタン樹脂などの弾性材料を骨材の一部として凍結抑制機能をもたせたもの、混合物中に保水材を混入したり（図8・17）、舗装路面に近赤外線を反射する塗料を塗布して遮熱性をもたせ（図8・18）路面温度の上昇を抑制するものなどの種々の機能をもった舗装用混合物があります。

4 アスファルト混合物のつくり方

①配合設計

加熱アスファルト混合物は、一般に砕石、砂、フィラーなどの骨材とアスファルトとを次の「②混合物の製造」で述べる**アスファルトプラント**で加熱混合して製造します。図8・19は、その様子を示したものです。**アスファルト混合物の配合設計**では、安定性と耐久性に優れ、施工時の敷きならしや締固め、表面仕上げなどの作業が容易におこなえるような混合物となるようにおこなう必要があります。

配合設計は一般的に図8・20のような手順でおこないます。

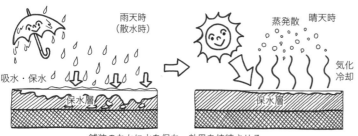
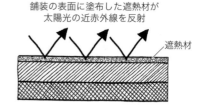

図8・17 保水性舗装　　　　　　　　　　　　　図8・18 遮熱性舗装

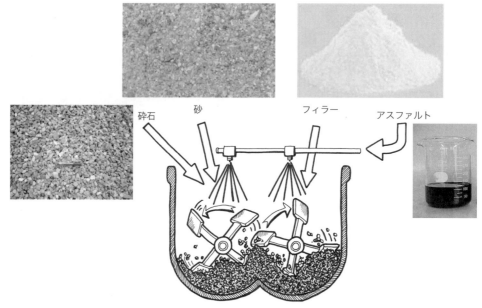

図8・19 アスファルト混合物の混合イメージ

②混合物の製造

アスファルト混合物は、図8・21のようなアスファルトプラントで製造されます。図8・22は、バッチ式プラントの構成図です。バッチ式プラントでは、アスファルト混合物を1回練る（1バッチ）ごとに材料を計量して混合します。わが国は、1つのアスファルトプラントで数十種類のアスファルト混合物を製造するため、大半がこのバッチ式プラントです。

プラントでは、骨材は貯蔵装置からドライヤーと呼ばれる加熱装置に投入され、そこで乾燥、加熱されます。加熱された骨材は、計量された後に1バッチ分ずつミキサーに投入され、これにフィラーとアスファルトが供給され、ミキサー内にて約170℃の温度にて1分程度混合されます。混合されたアスファルト混合物は、ダンプトラックに積まれるか、貯蔵サイロへ移動されます。

③施工

プラントから出荷されたアスファルト混合物は、ダンプトラックにて舗設現場まで運搬されます。舗設現場では、図8・23のようなアスファルトフィニッシャによってアスファルト混合物を**敷きならし**ます。この時温度は一般に110〜140℃程度です。敷きならし後は、図8・24のようなロードローラー、タイヤローラー、振動ローラーなどの締固めの機械を用いて、初期転圧、二次転圧、仕上げ転圧をおこない所定の密度まで**転圧**します。初期転圧は、一般に

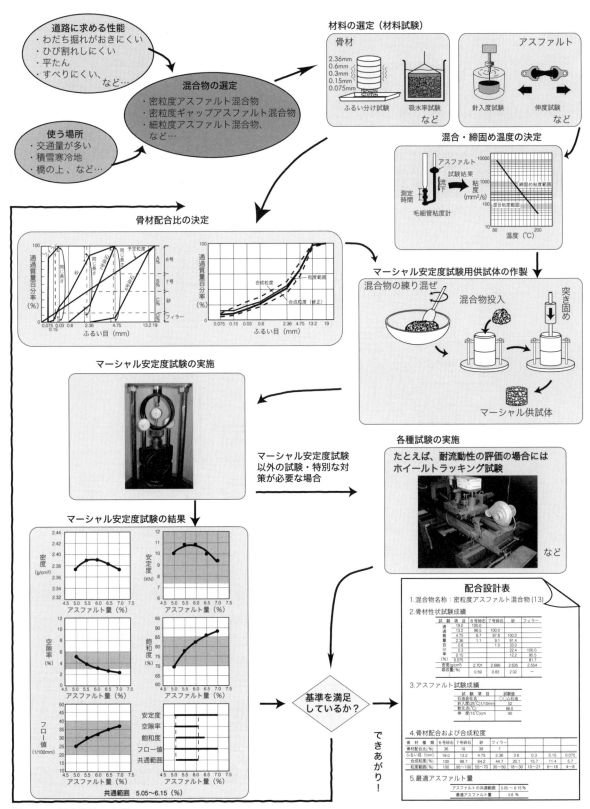

図8・20 配合設計の手順

図8・21 アスファルトプラント

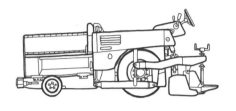

図8・23 アスファルトフィニッシャの例（出典：日本道路協会『舗装施工便覧平成18年度版』）

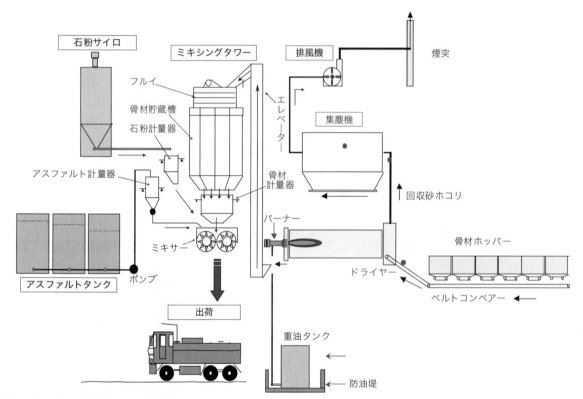

図8・22 バッチ式プラントの構成図

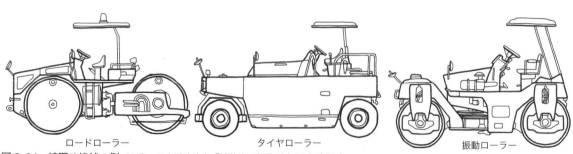

図8・24 締固め機械の例（出典：日本道路協会『舗装施工便覧平成18年度版』）

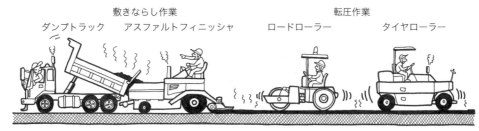

図8・25 舗設の一連作業

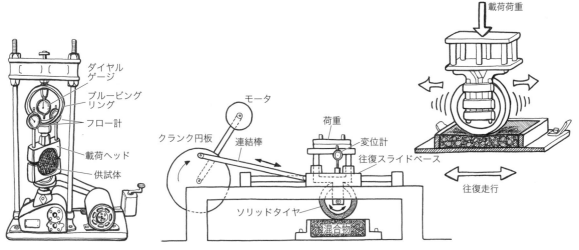

図8・26 マーシャル安定度試験機の例　　図8・27 ホイールトラッキング試験機の例

110～140℃に10～12tのロードローラーで2回程度おこないます。二次転圧は、8～20tのタイヤローラーまたは6～10tの振動ローラーでおこないます。二次転圧終了温度は70～90℃です。仕上げ転圧は、不陸の修正や転圧時のローラーマークを消すためにタイヤローラーあるいはロードローラーで2回程度おこないます。**舗設**の一連作業は、図8・25のとおりです。

転圧後の密度は、一般に配合設計の密度に対して94％以上とされています。

④マーシャル安定度試験

アスファルト混合物の配合設計に用いる試験の1つで、骨材の最大粒径が25mm以下の加熱アスファルト混合物に適用されるものです。直径100mm、厚さ約63mmのアスファルト混合物の供試体を60℃の水中に30分間養生したのち、図8・26の試験機を用いて、規定の載荷速度（50mm/min）により直径方向に荷重を加え、供試体が破壊するまでに示す最大荷重（安定度）とそれに対応する変形量（フロー値）とを測定します。

⑤ホイールトラッキング試験

アスファルト混合物の耐流動性、すなわち、わだち掘れのできやすさを評価する試験です。図8・27のような試験機で、長さ300mm、幅300mm、厚さ50mmの供試体の上を78kN（8tf）の輪荷重に相当する荷重686±10Nの小型ゴムタイヤを42±1回/minの速度で60分繰り返し走行させます。そして、45～60分間の変形量（わだち掘れ量）から1mm変形するのに要する車両通過回数を計算します。これを**動的安定度**（DS：Dynamic Stability）と呼びます。図8・28はホイールトラッキング試験終了後の供試体にできたわだち掘れのようすです。

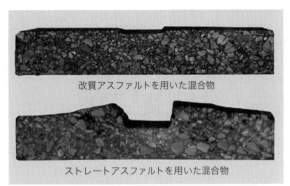

図8・28 ホイールトラッキング試験終了後のわだち堀れのようす

表8・11 防水工事用アスファルトの種類

種類	用途
1種	工期中及びその後にわたって適度な温度条件における室内及び地下構造部分に用いるもの。感温性は普通で、比較的軟質のもの
2種	一般地域の緩いこう配の歩行用屋根に用いるもの。感温性が比較的小さいもの
3種	一般地域の露出屋根又は気温の比較的高い地域の屋根に用いるもの。感温性が小さいもの
4種	一般地域のほか、寒冷地域における屋根その他の部分に用いるもの。感温性が特に小さく、比較的軟質のもの

(出典：JIS K 2207-1996)

3 舗装以外でも活躍するアスファルト

アスファルトは道路舗装だけに使われていると思いがちですが、意外と私たちの身近なところで利用されています。アスファルト自体がもつ性質の防水性と接着性を目的とするところはもちろんですが、燃料や原料・防火材・熱可塑材・電気絶縁材・断熱材・高真空用シーリング材・衝撃吸収材・潤滑材・顔料など多くの用途に使用されています。

舗装以外で使用されるアスファルトを**工業用アスファルト**と呼んでいます。アスファルトの使用量は、舗装用と防水用のアスファルトとでアスファルト全使用量の約85％を占めています。ここでは**防水用アスファルト**とその他の工業用アスファルトとに分けてみることにしましょう。

1 防水用アスファルト

①土木防水

土木の分野では、地下鉄、共同溝などの地下構造物の防水、道路橋床版の防水、水利構造物などで利用されています。防水工事用アスファルトの品質は、JIS K 2207に規定されており、表8・11のように用途により1〜4種に分類されています。

開削工法にて構築される地下コンクリート構造物では、雨水や地下水が躯体に浸食するのを防ぐとともに、構造物内部への漏水を防止することが必要です。このため、図8・29のように構造物を全面的に防水しています。この防水材として、シート状のアスファルト系防水材が用いられています。シート状のアスファルト系防水材は、合成繊維不織布、プラスチックメッシュなどを芯材として改質アスファルトを上下に含浸させ形成したものです。これをシートの下面に空気が入らないように接着剤やバーナーを用いて構造物に貼り付けていきます。

また、道路橋においても、床版の防食保護、橋梁の耐久性を向上させるために、橋梁床版面に防水層

解説 ♠ グースアスファルト舗装とは？

粗骨材、細骨材、フィラーと石油アスファルトにトリニダートレイクアスファルトまたは改質剤を混合したアスファルトを使用したものがグースアスファルト混合物です。不透水性でたわみ性に富む材料であることから、特に橋面舗装の鋼床版部に防水層を兼ねた基層としてよく用いられます。

高温時には流し込み施工ができるほど流動性があり、180〜220℃という高温で施工されます。

また、防水層として用いられるほど不透水性が高いことから、橋梁床版上に水分が残っていると、その水分が施工時の熱や気温の上昇で膨張し、舗装路面が持ち上げられることもあります。これをブリスタリングと呼びます。

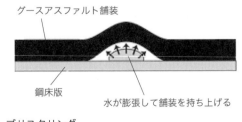

ブリスタリング

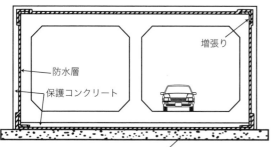

図8・29 地下構造物の防水

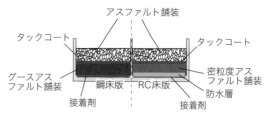

図8・30 橋面防水の標準的な構成

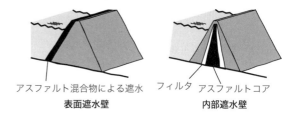

図8・32 フィルダムの表面遮水壁と内部遮水壁

図8・31 塗膜系アスファルト防水の施工状況

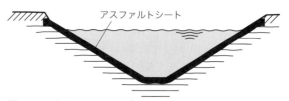

図8・33 水路のライニング

を設けています。床版防水の標準的な構成は図8・30のようになっています。現在、コンクリート床版には主にシート系や塗膜系のアスファルト防水材が使用されており、鋼床版では主にグースアスファルト混合物が防水層兼基層として採用されています。図8・31は塗膜系アスファルト防水の施工状況です。床版防水には、交通車両による繰り返し荷重などの力学的な作用と降雨、温度変化などの気象作用に加え、橋梁床版の伸び縮みが複雑に作用することから、これらに対してじゅうぶんな耐久性をもたせる必要があります。

水利構造物へのアスファルトの利用は、図8・32のようなフィルダムなどの表面遮水壁や内部遮水壁、図8・33のような貯水池、水路などの漏水防止層（ライニング）などに用いられています。

表面遮水壁には加熱アスファルト混合物が用いられますが、不透水性や変形追従性などが必要になる

ことから、道路舗装とは異なり混合物の粒度は細かく、フィラーやアスファルトが多い配合となります。

内部遮水壁にもアスファルト混合物が用いられており、一般に水工用粗粒度アスファルト混合物が使用されています。この内部遮水壁に用いる水工用粗粒度アスファルト混合物は、空隙率3％以下が一般的で、水密性のほかにダムの本体（堤体）の変形や地震時の挙動に追従できるものである必要があります。

漏水防止用には、加熱溶解したブローンアスファルトを散布して連続した防水皮膜をつくるものと、板状に形成されたアスファルト混合物を用いるものがありますが、近年はシート状のアスファルト系防水材の利用も増えてきています。

②建築防水

日本では、1905年に建築物の防水にアスファルトが利用されて以来、アスファルト防水は100年以上

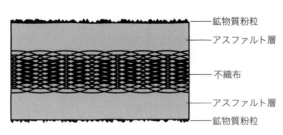

図8·34 アスファルトルーフィング材

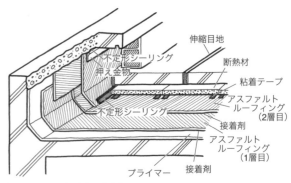

図8·35 屋上防水の概要

図8·36 屋根防水の概要

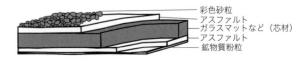

図8·37 アスファルトシングルスの構造例

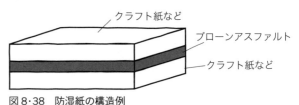

図8·38 防湿紙の構造例

の実績をもっています。

　屋根に使用するシート状のアスファルト系防水材を**アスファルトルーフィング**といいます。アスファルトルーフィングは、紙や不織布などの芯材にアスファルトを含浸・塗覆し、シート状に形成した材料です。図8·34に不織布を芯材としたものの断面図を示しておきます。アスファルトには、主にストレートアスファルト150〜200、ブローンアスファルト、防水工事用アスファルトが使用されています。屋根以外の場所に使用されるシート状のアスファルト系防水材も、屋根に用いるものと同様にアスファルトルーフィングと呼ばれています。アスファルトルーフィングは、図8·35に示す鉄筋コンクリート構造物の屋上に用いられる屋上防水（陸屋根防水）と、図8·36に示す木造建築物に用いる屋根防水（勾配屋根防水）とがあります。

　屋上防水は、水がたまりやすい平たんな屋上に耐久性のある連続した水密性のある皮膜をつくり、建物内への雨水の浸入を防ぐことが目的です。シート状のアスファルトルーフィングを加熱溶解アスファルトで複数の層を貼り付けていく工法で、アスファルト防水熱工法と呼ばれています。この工法は防水性と耐久性とに優れていることから、屋上防水の主流となっています。

　屋根防水は、木造建築物などの勾配屋根に防水材を敷設し、防水機能をもたせることが目的です。この防水材にアスファルトルーフィングと**アスファルトシングルス**とが使用されています。アスファルトルーフィングは、野地板（屋根の下地板）の上に下葺材として用いられ、現在、最も多く使用されています。アスファルトシングルスは、芯材にアスファルトを塗布した板状の材料で図8·37のような構造となっています。防火性、耐震性、耐風性に優れており、釘に加えて接着剤による施工ができることか

ら、コンクリートの下地や耐火性ボードなどの屋根防水として使用することができます。

また、アスファルトルーフィングは、壁面やベランダ、浴室、厨房などの防水にも使用されています。

2 その他の工業用アスファルト

防水用以外の工業用アスファルトは、電気製品の絶縁材や自動車の制振材などとして利用されていますが、なかなか目に触れることがありません。また、使用量もひじょうに少ないです。そのため馴染みはほとんどありませんが、実は多くのところで使われています。代表的なものとしては以下のとおりです。

①防湿用

防湿用としては、ブローンアスファルトをクラフト紙などの紙で挟み込んだ防湿紙（ターポリン紙）が代表的です。現在は、防水性の優れた材料が増え、アスファルトを用いた防湿紙はひじょうに少なくなっています（図8・38）。

②防錆用

鋼管の防錆用塗料として使用されます。ブローンアスファルトが用いられており、鋼管に塗布する際にアスファルトがダレ落ちるのを防止するためフィラーを添加して使用します。産油や産炭地のパイプラインに使われることが中心で、特に北海海底のパイプラインの大半に使用されています。

③制振・防音用

アスファルトを板状に形成した上に不織布を貼り付けマット状にしたものが、建築用や自動車用の制振・防音材として使用されています。

④電気絶縁用

テレビ、冷蔵庫、照明器具といった電気製品のなかに絶縁材として、アスファルト系の絶縁用コンパウンドが使用されています。

⑤杭のネガティブフリクション対策

軟弱質な地盤では、地盤の圧密沈下により建物などを支える杭の周辺に、下向きの摩擦力（ネガティブフリクション）が働きます。この対策として、6～10mm厚にアスファルトが杭表面に塗布されています。

⑥その他

アスファルトはシャープペンシルの芯や製鉄用のコークスを製造するときに用いる結合材、オフィスなどの床に敷かれているタイルカーペットの裏貼り材、廃棄物の固化材、電極用の炭素材料などにも使用されています。

解説 ♠ 動的安定度の落とし穴とは？

ホイールトラッキング試験は、耐流動性（わだち掘れのできやすさ）を評価する試験方法で、試験時間の45分から60分までの変形量から動的安定度（DS）を求めます。

この45分と60分の変形量の差（$d_{60} - d_{45}$）とDSとの関係を両対数グラフにとると下の図のようになります。この関係から、$d_{60} - d_{45}$の読み取り値が1/100mmの領域になると0.01mmの差がDSに大きく影響を与えます。現在では、耐流動性の高いアスファルト混合物が多く見られ、DSが8000回/mmや1万回/mmといったものを見かけますが、ホイールトラッキング試験では1/100mmの差を精度良く計測することは難しいことから、DSが1000回/mmのアスファルト混合物と2000回/mmのアスファルト混合物とでは有意差があるといえますが、5000回/mmを超えるような場合には明確な差はないと考えられます。

このことから、DSが6000回/mm以上の場合には、6000回/mm以上といったように表記に上限を設ける場合もあります。

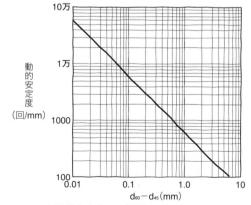

$d_{60} - d_{45}$と動的安定度との関係（出典：日本道路協会『舗装調査・試験法便覧』）

演習問題 8-1 ストレートアスファルトとブローンアスファルトの違いについて、製造過程の観点から説明しなさい。

演習問題 8-2 アスファルトの性質を表す針入度および軟化点を説明しなさい。

演習問題 8-3 舗装用のストレートアスファルトのうち、道路舗装でよく用いられるものは、40〜60、60〜80、80〜100 および 100〜120 の 4 種類である。これらの主な用途について、それぞれ説明しなさい。

演習問題 8-4 図に道路舗装の断面構成を示す。各層の名称を答えなさい。

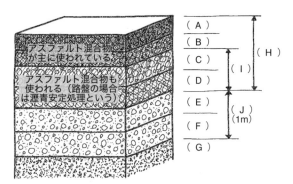

演習問題 8-5 アスファルト舗装に要求される性能を 5 つ示しなさい。

演習問題 8-6 次の記述のうち、正しいものには○、誤っているものには×をつけなさい。

(1) アスファルト混合物の配合設計では、混合物が安定性と耐久性に優れ、施工時の敷きならしや締固め、表面仕上げなどの作業が容易におこなえるように配慮する必要がある。

(2) アスファルト混合物の配合設計で用いられるマーシャル安定度試験は、アスファルト混合物の耐流動性の評価をおこなう試験である。

(3) 細長いあるいは扁平な石片は耐摩耗性に優れているため、アスファルト混合物用の粗骨材として適している。

(4) ポリマー改質アスファルトにおいては、ポリマーの添加量が小さくなるに従い軟化点とタフネスは向上し、混合物の機能として塑性変形や摩耗に対する抵抗性が改善される。

(5) 密粒度アスファルト混合物は、混合物が最も密に詰まる骨材粒度の組み合わせで、わだち掘れが起きにくいため、交通量の多い箇所に使用されている。

(6) 開粒度アスファルト混合物やポーラスアスファルト混合物は、舗装の内部に水が浸透することから、車道に使用した場合には車両のスリップ事故の要因となることが懸念される。

演習問題の答え

＊本書では理解を深めるために式中にも単位を記しています。

▶ 1章 の答え

演習問題 1-1

(1) 応力とは単位面積当たりの力を意味し、作用する力を断面積で割った値である。ひずみとは外から力を受けて形や体積が変化することで、伸び縮みした長さを元の長さで除した値である。

(2) 外力で変形した物体が力を取り去ると、元に戻ろうとする性質を弾性と呼び、外力を取り除いても元に戻らない性質を塑性と呼ぶ。

(3) 応力－ひずみ曲線における傾き（応力とひずみの比例定数）を弾性係数又はヤング係数と呼び、材料の変形のしやすさを示す。軟らかく変形しやすいものは弾性係数が小さく、硬く変形しにくいものは弾性係数が大きくなる。

(4) 外力を作用させる方向のひずみに対する、直角方向のひずみの比をポアソン比と呼ぶ。

(5) 一定の力を持続的に受ける材料が、時間の経過とともに塑性変形が増加する現象である。

(6) ある力を加えて変形を一定に保っていても、作用させている力が時間とともに減少することである。

(7) 繰り返し作用する外力によって材料内部に損傷が累積していくと仮定して、材料が破壊するときの作用力の回数である。

(8) JIS は Japanese Industrial Standards（日本産業規格）のことであり、我が国の産業規格である。一方、ISO は International Organization for Standardization（国際標準化機構）のことであり、各国の代表的標準化機構から構成されており、国際規格である。

(9) 水、セメント、（混和材料）、細骨材、粗骨材である。

[解説] 水、セメント、（混和材料）で構成されるものをセメントペースト、水、セメント、（混和材料）、細骨材で構成されるものをモルタルと呼ぶ。なお、混和材料は含まれない場合もある。

▶ 2章 の答え

演習問題 2-1

水和反応

演習問題 2-2

凝結といい、凝結の始まりを始発、終わりを終結という。

演習問題 2-3

(1) ○　　(2) ×
(3) ×　　(4) ×
(5) ○

演習問題 2-4

A：早強ポルトランドセメント
B：中庸熱ポルトランドセメント
C：普通ポルトランドセメント

[解説] 早強ポルトランドセメントはエーライト C_3S を多くしたセメントである。一方、中庸熱ポルトランドセメントはエーライト C_3S やアルミネート相 C_3A を減らして、ビーライト C_2S を多くしたセメントである。

▶ 3章 の答え

演習問題 3-1

混和材料とは、セメント、水、骨材以外の材料で、打込みを行うまでに必要に応じてコンクリートなどに加える材料である。混和材料を使用することで、コンクリートのいろいろな性能を改善し、品質を向上させ、さまざまな条件に合わせて特定の性能をもたせることができる。

演習問題 3-2

AE剤は、コンクリート中にたくさんの細かい空気の泡をまんべんなく入れるために使用される。この空気の泡がセメント粒子や細骨材粒子の間でボールベアリング

効果を発揮し、フレッシュコンクリートのワーカビリティが良くなる。また、硬化したコンクリートでは、耐凍害性の向上に寄与する。

演習問題 3-3
(1)促進剤
(2)高性能 AE 減水剤
(3)遅延剤

演習問題 3-4
(1)○　(2)×
(3)○　(4)×

演習問題 3-5
(1)高性能 AE 減水剤とシリカフューム

[解説] 高性能 AE 減水剤とシリカフュームを組み合わせることにより、水の量を抑えつつ、流動性を確保したコンクリートが作成できる。

(2)膨張材

(3)フライアッシュまたは高炉スラグ微粉末

[解説] 構造物の寸法が大きいマスコンクリートでは、水和熱によりコンクリート内部が表面部と比較して高温となり、表面部に温度ひび割れが発生しやすい。そこで、フライアッシュまたは高炉スラグ微粉末をセメントに置換して使用することにより、水和熱を低減でき、温度ひび割れを抑制できる。

▶4章 の答え

演習問題 4-1
(1) 40mm
(2) 細骨材の F.M. = (0% + 12% + 24% + 56% + 78% + 98%)/100 = 2.68

粗骨材の F.M. = (0% + 5% + 42% + 84% + 95% + 100% + 100% + 100% + 100% + 100%)/100 = 7.26

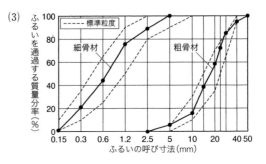

演習問題 4-2
A：絶対乾燥状態（絶乾状態）
　　105℃ の炉で完全に乾燥させた状態
B：空気中乾燥状態（気乾状態）
　　自然の状態で放置し、空気中の水蒸気を少し吸収した状態
C：表面乾燥飽水状態（表乾状態）
　　24 時間骨材を水中に置き、骨材内部に水を十分に吸収させ、表面は乾燥状態になっている状態
D：湿潤状態
　　骨材の内部は水で満たされ、さらに、表面も濡れている状態

演習問題 4-3
(1) 吸水率 =（表乾状態の骨材の質量－乾燥後の骨材の質量）/乾燥後の骨材の質量× 100
　　　　 =（1.19kg － 1.17kg）/1.17kg × 100 = 1.71%
(2) 実積率 = 骨材の単位容積質量 / 骨材の絶乾密度× 100
　　　　 = 1.67kg/ℓ / 2.60g/cm³ × 100 = 64.2%

演習問題 4-4
(1)×

[解説] 粗粒率の値が小さい骨材は、粒径の小さい骨材が多い。

(2)○　(3)×

▶5章 の答え

演習問題 5-1
材料分離とは、粗骨材とモルタルが分離することであり、ブリーディングとは、コンクリート中の水が、他の

材料と分離して上面に移動する現象のことである。

- 材料分離の初期欠陥：豆板やジャンカ
  防止策：打込み時高所から落下させない。振動機をかけすぎない。
- ブリーディングの初期欠陥：コールドジョイント、沈下ひび割れやコンクリートの沈下に伴う鉄筋とコンクリートの付着力の低下
  防止策：コールドジョイントは、レイタンスを除去する。沈下ひび割れなどは、ブリーディングの発生が収まった後に、振動機により再振動をかける。

演習問題 5-2

(1) 水セメント比は、水とセメントの質量比を表しているものであり、セメントの割合が高いとセメントペースト強度は高くなるため、水セメント比が小さいコンクリートでは強度は高くなる。

(2) コンクリートの硬化は、セメントの水和反応で生じるため、水分が供給される環境で養生されたコンクリートは、水分が逸散する環境で養生されたコンクリートと比較して強度は高くなる。

(3) 水和反応は温度が高いほど活性化されるため、養生温度が高いほどコンクリートの強度は高くなる。ただし、85℃以上の高温環境では、コンクリートの強度は低下する。

演習問題 5-3

28日

[解説] 養生とはコンクリートの表面が乾燥しないように、水を与えシートで覆う等の行為であり、普通ポルトランドセメントを用いたコンクリートでは28日養生後の強度で管理している。

演習問題 5-4

(1) $f'_c = P/A = 218\text{kN}/(100\text{mm} \times 100\text{mm} \times 3.14/4)$
   $= 2.78 \times 10^{-2} \text{kN/mm}^2 = 27.8 \text{N/mm}^2$

(2) $f_t = 2P/(\pi dl) = 2 \times 72\text{kN}/(3.14 \times 100\text{mm} \times 200\text{mm})$
   $= 2.29 \times 10^{-3} \text{kN/mm}^2 = 2.29 \text{N/mm}^2$

演習問題 5-5

コンクリートは引張強度が圧縮強度の1/13～1/10しかなく、大きな引張力を受け持つことができない。その弱点を補うために引張強度が大きい鉄筋をコンクリート内部に配置している。

[解説] コンクリートの圧縮強度をさらに有効に活用するために、コンクリートにあらかじめ圧縮力を作用させ、引張力に対してさらに抵抗力を高めた構造をプレストレストコンクリートと呼ぶ。

演習問題 5-6

(1) 式(a)より、
   $30 = -21.5 + 32.5 \, C/W$
   $\rightarrow C/W = 51.5/32.5$
   $\rightarrow W/C = 0.631$

したがって、
   $C = 165\text{kg}/0.631 = 261\text{kg}$

粗骨材と細骨材の合計の体積は、
   $V_a = V_s + V_g$
   $= 1000\ell - (165\text{kg}/1.0\text{kg}/\ell + 261\text{kg}/3.15\text{kg}/\ell + 50\ell)$
   $= 702\ell$

したがって、
   $V_s = 702\ell \times 45.0/100 = 316\ell$
   $\rightarrow S = 316\ell \times 2.55\text{kg}/\ell = 806\text{kg}$
   $V_g = V_a - V_s = 702\ell - 316\ell = 386\ell$
   $\rightarrow G = 386\ell \times 2.65\text{kg}/\ell = 1023\text{kg}$

配合表の例

粗骨材最大寸法 (mm)	目標スランプ (cm)	W/C (%)	s/a (%)	空気量 (%)	単位量 (kg/m³)			
					W	C	S	G
20	8.0	63.1	45.0	5.0	165	261	806	1023

(2) 空気量
   $5.0\% - 2.8\% = 2.2\%$ 大きくする

スランプ
   $8.0\text{cm} - 4.5\text{cm} = 3.5\text{cm}$ 大きくする

したがって、s/a ならびに W の補正は以下の通りである。

- s/a の補正
  $45.0\% + (-0.5\%/1.0\% \times 2.2\%)$

$$= 45.0\% - 1.1\%$$
$$= 43.9\%$$

- W の補正

  $165\text{kg} + 165\text{kg} \times ((+1.2\%/1\text{cm} \times 3.5\text{cm}) + (-3\%/1\% \times 2.2\%))$
  $= 165\text{kg} + 165\text{kg} \times (4.2\% - 6.6\%)$
  $= 165\text{kg} + 165\text{kg} \times (-2.4\%/100)$
  $= 161\text{kg}$

したがって、

$$C = 161\text{kg}/0.631 = 255\text{kg}$$

骨材の体積は、

$$V_a = 1000\ell - (161\text{kg}/1.0\text{kg}/\ell + 255\text{kg}/3.15\text{kg}/\ell + 50\ell)$$
$$= 708\ell$$

したがって、

$$V_s = 708\ell \times 43.9/100 = 311\ell$$
$$\rightarrow S = 311\ell \times 2.55\text{kg}/\ell = 793\text{kg}$$
$$V_g = V_a - V_s = 708\ell - 311\ell = 397\ell$$
$$\rightarrow G = 397\ell \times 2.65\text{kg}/\ell = 1052\text{kg}$$

配合表の例

粗骨材最大寸法 (mm)	目標スランプ (cm)	W/C (%)	s/a (%)	空気量 (%)	単位量 (kg/m³)			
					W	C	S	G
20	8.0	63.1	43.9	5.0	161	255	793	1052

演習問題 5-7

コンクリートのクリープ変形により、10年後の変形量は現在よりも大きくなる。鉄筋がある場合は、鉄筋によりコンクリートのクリープ変形が抑制されるため、鉄筋がない場合よりも変形量は小さくなる。

演習問題 5-8

(1)× (2)○
(3)× (4)×
(5)○ (6)×
(7)×

[解説] マスコンクリートにおける内部拘束型の温度ひび割れと同様の原理で説明することができます。すなわち、コンクリート表面の収縮量が内部と比較して大きくなる場合には、表面には引張応力が、内部では圧縮応力が発生することになり、表面の引張応力が引張強度を超えると表面に収縮ひび割れが生じます。

▶ 6章 の答え

演習問題 6-1

(1) A：比例限
    D：下降伏点
    E：引張強さ

(2) $E = \sigma/\varepsilon = 280\text{N/mm}^2/(1400 \times 10^{-6}) = 200000\text{N/mm}^2$
    $= 200\text{kN/mm}^2$

(3) E点以降においては、材料に生じる応力は増加するもののネッキングにより鋼材の断面積は小さくなるため、引張力に抵抗できる荷重は低下する。図の応力は、公称応力（荷重を初期の断面積で除したもの）であるため、E点以降において応力は低下することとなる。

演習問題 6-2

②-C-IV、④-A-II、①-B-III、③-D-I

演習問題 6-3

溶接部の形状によっては応力集中が生じやすくなることや、溶接を行うことで、鋼材には引張の残留応力が生じるため、疲労強度が低下する。表面の研磨は、応力集中部の除去ならびに引張残留応力を低減することを目的として行われる。

演習問題 6-4

海水中には塩化物が豊富にある環境ではあるが、腐食反応に必要な酸素量が乏しいため、腐食が促進されない。一方、海上飛沫部では、乾湿の繰返し作用を受けるとともに温度の影響により、腐食が促進される環境となっているためである。

演習問題 6-5

(1)× (2)○
(3)× (4)×
(5)○

▶7章 の答え

演習問題 7-1

- 天然化合物の無機系化合物：雲母、ベントナイト、石綿
- 天然化合物の有機系化合物：天然樹脂、セルロース、羊毛
- 合成化合物の無機系化合物：セメント、炭素繊維、ケイ酸塩
- 合成化合物の有機系化合物：エポキシ樹脂、アラミド繊維、合成ゴム

演習問題 7-2

A、B、D

演習問題 7-3

A、B、C、E

演習問題 7-4

(1) カーボン繊維
(2) アラミド繊維、カーボン繊維

演習問題 7-5

C、D、E

演習問題 7-6

(1)○　　(2)○
(3)○　　(4)○
(5)×

▶8章 の答え

演習問題 8-1

アスファルト製造過程で原油中のアスファルト成分が変化していないのがストレートアスファルトであり、製造過程で空気を吹き込んで酸化させアスファルト成分を変化させたものがブローンアスファルトである。

演習問題 8-2

針入度はアスファルトの硬さを表す尺度であり、軟化点は軟らかくなりやすさを表す尺度である。針入度が大きいほど軟らかく、軟化点が低いほどアスファルトが軟らかくなりやすい性質を持つ。

演習問題 8-3

- 40～60　：一般地域で交通量が多いところ
- 60～80　：一般地域
- 80～100：寒冷地域
- 100～120：寒冷地で特に低温によるひび割れが懸念されるところ

演習問題 8-4

A：表層	B：基層
C：上層路盤	D：下層路盤
E：構築路床	F：路床（原地盤）
G：路体	H：舗装
I：路盤	J：路床

演習問題 8-5

①わだち掘れなどの塑性変形に対する抵抗性（耐流動性）
②ひび割れなどの疲労に対する抵抗性
③アスファルトの劣化や水に対する抵抗性
④タイヤと路面とのすべり抵抗の確保
⑤水の浸入を防ぐ不透水性

演習問題 8-6

(1)○　　(2)×
(3)×　　(4)×
(5)○　　(6)×

索 引

❖英数

AE 減水剤	47、74
AE 剤	46、88
ALC パネル	49
ASTM 規格	40
EN 規格	40
FRP 接着工法	122
FRP 巻立て工法	122
ISO	25
JIS	25
S-N 曲線	110

❖あ

アスファルト	13、126
アスファルト混合物	131
アスファルト混合物の配合設計	135
アスファルトシングルス	142
アスファルト乳剤	13、130
アスファルトプラント	133
アスファルトルーフィング	142
圧縮強度	78
アラミド繊維	119
アルカリシリカ反応（ASR）	10、62、83
アルカリシリケートゲル	83
アルカリ性	83
アルカリ総量	84
アルミニウム	113
アルミネート相	33
安全係数	25

❖い

異種金属接触による腐食	111
異種金属接触腐食	111
引火点	128

❖う

打込み	6
ウレタンゴム	119
ウレタン樹脂	118

❖え

エーライト	4、33
エコセメント	43
エチレンプロピレンゴム（EPM、EPDM）	119
エポキシ樹脂	118
エマルション	117
塩害	24、86、91
塩化物イオン	86
延性破壊	105

❖お

応力	21
応力－ひずみ関係	21、78、104
応力範囲	110
オートクレーブ養生	49
温度応力解析	99
温度解析	99
温度ひび割れ	98

❖か

カーボン繊維	119
改質アスファルト	129
改質アスファルト乳剤	131
外部拘束型の温度ひび割れ	99
界面活性剤	46
海洋構造物	91
開粒度アスファルト混合物	132
化学的侵食	24、84
化学法	84
加工硬化	105
硬さ	105
型枠	6
型枠充填工法	124
かぶり	87
カラーコンクリート	54
ガラス繊維	82
川砂利	65
川砂	65
環境負荷低減	44
間隙相	34

❖き

乾燥収縮	79
寒中コンクリート	99

気泡コンクリート	49
起泡剤	49
吸水率	61
凝結	98
強酸による侵食	85
強度	22、30、76
強熱減量	40

❖く

空気室圧力法	74
空気量	74、88
空気連行性	46
空隙	4、83
クリープ	22、79
繰返し数	110
クリンカ	4、33、36
クロロプレンゴム（CR）	119

❖け

計画配合	96
結合材	31、122
ケミカルプレストレス	54
ゲル	83
限界繰返し数	110
減水剤	4、47
建築防水	141
現場配合	96

❖こ

鋼（こう）	102
硬化コンクリート	76
工業用アスファルト	140
鋼材	8
鋼材の腐食	111
公称応力	104
公称ひずみ	104
合成ゴム	119

合成樹脂	116
合成繊維	118
高性能 AE 減水剤	47
高性能減水剤	47
鋼繊維	82
降伏点	104、105
鉱物相	33
高分子材料	12、115
高炉水砕スラグ	36
高炉スラグ微粉末	52
高炉セメント	36
コールドジョイント	75、98
骨材	5、28、132
骨材の反応性	84
コンクリート	26、72
混合セメント	31
コンシステンシー	30、72、88、93
混和剤	29、45
混和材	4、29、45
混和材料	29、45

❖さ

細骨材	5、28、60、132
細骨材率 s/a	93
再生骨材	28、68
砕砂	66
砕石	5、66、133
砕石粉	55
細粒度アスファルト混合物	132
材料分離	30、74
左官工法	124
錆	85

❖し

敷きならし	136
自己充填コンクリート	47
下地処理材	124
実積率	62
絞り	104
締固め	6
シャルピー衝撃試験	105
ジャンカ	75
修正配合	96

充填材	121、124
衝撃	23
衝撃強さ	105
初期凍害	77
暑中コンクリート	98
シリカフューム	53
人工軽量骨材	66
人工砂	133
伸度	128
振動台式コンシステンシー試験装置	74
針入度	128

❖す

水密性	92
水和熱低減剤	50
水和反応	28
水和物	31
スクリーニングス	133
スチレーブタジエンゴム	119
ステンレス鋼	112
ストレートアスファルト	13、127
スラグ骨材	67
スランプ	88
スランプコーン	73
スランプ試験	30、73
スランプの低下	98
すりへり減量	62

❖せ

正規分布	90
脆性破壊	105
静電反発作用	47
静電反発力	47
石油アスファルト	126
石灰石	28、34、134
石灰石微粉末	55
絶乾状態	60
設計基準強度	90
セッコウ	34
接着剤	122
セミブローンアスファルト	130
セメント	4、27

セメントペースト	4
セメント水比 C/W	76
銑鋼一貫メーカー	107
潜在水硬性	52
せん断強度	81

❖そ

早強ポルトランドセメント	36
増粘剤	49
促進形の混和剤	99
促進剤	48
粗骨材	5、28、60、132
粗骨材最大寸法	88
塑性	21、105
粗粒度アスファルト混合物	132
粗粒率（F.M.)	60
損傷	11

❖た

耐寒促進剤	50
耐久性	30、32、81
耐凍害性	47
多孔質材料	79
脱炭酸	42
単圧メーカー	108
単位水量 W	93
単位容積質量	61
炭酸カルシウム	84
弾性	21、104
弾性係数	22、78
炭素鋼	102
炭素当量	109
炭素繊維	82
断熱材	99
断面修復工法	10、124
断面修復材	12、124

❖ち

遅延形の混和剤	98
遅延剤	48
チタン	113
着色材	54
中性化	24、85

鋳鉄	102
中庸熱ポルトランドセメント	38
長寿命化	82
超遅延剤	48
沈降	74

❖つ
強さクラス	41

❖て
低熱ポルトランドセメント	38
鉄筋	6、81
鉄筋コンクリート構造	81
転圧	136
天然アスファルト	126
天然砂	133
電炉メーカー	108

❖と
凍害	24、82
凍結融解	82
凍結融解作用	91
動的安定度（DS：Dynamic Stability）	139
独立気泡	74、95
土木防水	140

❖な
内部拘束型の温度ひび割れ	99
中塗り材	124
軟化点	128

❖に
ニトリルゴム（NBR）	119

❖ね
熱可塑性樹脂	116
熱硬化性樹脂	116
熱交換	34
熱処理	109
熱膨張係数	23
粘性	72
粘度	128

❖の
伸び	104

❖は
廃棄物	34
配合設計	20、87、133
パイプクーリング	99
鋼（はがね）	102
破砕値試験	62
破断	11
撥水剤	84
発泡剤	49
反応性鉱物	83

❖ひ
ビーライト	4、33
比重	23
ひずみ	21
ひずみ硬化	105
ビッカース硬さ	106
引張応力	79
引張強度	78、80、104
ビニロン	82
ビニロン繊維	119
ひび割れ	79
ひび割れ注入材	12、121、124
ひび割れ誘発目地	100
表乾状態	60、97
表面水	97
表面水率	61
表面被覆材（塗料）	12、122、124
疲労	23、81、109
疲労強度	81
疲労限度	110
疲労の対策	110
疲労破壊	109
品質管理	90

❖ふ
フィニッシャビリティ	30、73
フィラー	134
フェライト相	33
吹付け工法	124
腐食	10、11、109
ブタジエンゴム（BR）	119
付着強度	81
ブチルゴム（IIR）	119
普通鋼	102
普通ポルトランドセメント	36
フッ素ゴム	119
不動態皮膜	85
フライアッシュ	36、51
フライアッシュセメント	36
プラスティシティ	30、73、88、93
ブリーディング	30、75
プレクーリング	99
フレッシュコンクリート	30、72
プレフォーム方式	49
ブローンアスファルト	127
分散作用	47
分離	72
分離抵抗性	49、88

❖へ
ペシマム現象	63
変動	90
変動係数 V	90

❖ほ
ポアソン比	22
ホイールトラッキング試験	139
防食	109
防水用アスファルト	140
防錆	31
防錆剤	51
防錆材	124
膨張圧	83
膨張材	54
防凍剤	50
ポーラスアスファルト混合物	132
ポーラスコンクリート	48
ボールベアリング効果	47
ポストフォーム方式	49
舗設	139
ポゾラン	31
ポゾラン活性	51

ポップアウト	64
ポリエステル樹脂	118
ポリエチレン	82
ポリプロピレン	82
ポリマー改質アスファルト	13、129、135
ポリマー改質材	13
ポリマーセメントコンクリート	123
ポリマーセメント比 P/C	123
ポリマーセメントモルタル	123
ポルトランドセメント	31

❖ま
マーシャル安定度試験	139
マイクロフィラー効果	53
曲げ強度	81
マスコンクリート	99
豆板	75

❖み
水蒸発型	117
水セメント比 W/C	30、76、88
ミックスフォーム方式	49
密度	23
密粒度アスファルト混合物	132

❖も
モルタルバー法	84

❖や
ヤング係数	104

❖ゆ
有機系化合物	115
誘導期	37
融氷剤	92

❖よ
溶剤蒸発型	117
養生	7、78
溶接	9
溶接性	109
溶接接合	108
溶融スラグ骨材	68

呼び強度	91

❖ら
ラテックス	117

❖り
立体障害反発力	47
粒形判定実積率	62
硫酸塩による侵食	91
硫酸塩による損傷	85
粒度	59、132
流動化剤	49
緑化コンクリート	48
リラクセーション	22

❖れ
レイタンス	75
瀝青	126
劣化	10、11、82
レディーミクストコンクリート	91

❖ろ
ロータリーキルン	4、34

❖わ
ワーカビリティ	29、30、72
わだち掘れ	13、132
割増し係数 α	90

『改訂版　図説 わかる材料』編集委員会

監修

宮川豊章（みやがわ とよあき）
京都大学学際融合教育研究推進センターインフラシステムマネジメント研究拠点ユニット特任教授

編著

岡本享久（おかもと たかひさ）
立命館大学理工学部特任教授

熊野知司（くまの ともじ、1章5節、5章）
摂南大学理工学部都市環境工学科教授

編集協力

尼﨑省二（あまさき しょうじ）
立命館大学理工学部特任教授

鎌田敏郎（かまだ としろう）
大阪大学大学院工学研究科地球総合工学専攻教授

川東龍夫（かわひがし たつお）
近畿大学理工学総合研究所講師

鶴田浩章（つるた ひろあき）
関西大学環境都市工学部都市システム工学科教授

服部篤史（はっとり あつし）
京都大学大学院工学研究科都市社会工学専攻准教授

平尾　宙（ひらお ひろし）
太平洋セメント㈱中央研究所第1研究部セメント技術チーム

三木朋広（みき ともひろ）
神戸大学大学院工学研究科市民工学専攻准教授

森川英典（もりかわ ひでのり）
神戸大学大学院工学研究科市民工学専攻教授

山本貴士（やまもと たかし）
京都大学大学院工学研究科社会基盤工学専攻准教授

執筆（執筆担当）

水田真紀（みずた まき、1章1～4節）
理化学研究所光量子工学研究領域中性子ビーム技術開発チーム

山田一夫（やまだ かずお、2章）
国立環境研究所主任研究員

井上真澄（いのうえ ますみ、3章）
北見工業大学社会環境工学科准教授

武田字浦（たけだ なほ、3章）
明石工業高等専門学校都市システム工学科准教授

麓　隆行（ふもと たかゆき、4章）
近畿大学理工学部社会環境工学科准教授

松岡和巳（まつおか かずみ、6章）
日鉄住金テクノロジー㈱

江口和雄（えぐち かずお、7章）
ショーボンド化学㈱

久利良夫（ひさり よしお、8章）
阪神高速技術㈱技術部技術開発課

吉田信之（よしだ のぶゆき、8章）
元神戸大学自然科学系先端融合研究環都市安全研究センター准教授

三方康弘（みかた やすひろ、1～4章演習問題）
大阪工業大学工学部都市デザイン工学科准教授

上田尚史（うえだ なおし、5～8章演習問題）
関西大学環境都市工学部都市システム工学科准教授

	改訂版　図説 わかる材料
	土木・環境・社会基盤施設をつくる

2015 年 12 月 15 日　　第 1 版第 1 刷発行
2024 年 3 月 20 日　　第 1 版第 5 刷発行

　監　修　宮川豊章
　編　著　岡本享久・熊野知司
　発行者　井口夏実
　発行所　株式会社学芸出版社
　　　　　京都市下京区木津屋橋通西洞院東入
　　　　　〒600-8216　電話 075-343-0811
　　　　　http://www.gakugei-pub.jp/
　　　　　E-mail info@gakugei-pub.jp

　印　刷　創栄図書印刷／製　本　新生製本
　挿　画　野村　彰
　装　丁　KOTO DESIGN Inc. 山本剛史

Ⓒ Toyoaki MIYAGAWA, Takahisa OKAMOTO, Tomoji KUMANO　　　2015
ISBN978-4-7615-2614-6　　　　　　　　　　　　　　Printed in Japan

JCOPY 〈(社)出版者著作権管理機構委託出版物〉
本書の無断複写（電子化を含む）は著作権法上での例外を除き禁じられています。複写される場合は、そのつど事前に、(社)出版者著作権管理機構（電話 03-5244-5088、FAX 03-5244-5089、e-mail: info@jcopy.or.jp）の許諾を得てください。
また本書を代行業者等の第三者に依頼してスキャンやデジタル化することは、たとえ個人や家庭内の利用でも著作権法違反です。

好評発売中

図説 わかるメンテナンス　土木・環境・社会基盤施設の維持管理

宮川豊章 監修／森川英典 編

B5変判・128頁・定価 本体2600円＋税

土木構造物の維持管理に関する知識を、豊富な図版・イラストで分かりやすく説いた。構造物の老朽化が急速に進む今、点検・調査・診断の手法、補修・補強技術に関する知識はますます必要とされる。丈夫で長持ちする土木構造物をめざすベテラン執筆陣が、基本事項・最新事項をコンパクトにまとめた、大学生のための入門テキスト。

図説 わかるコンクリート構造

井上晋 監修

B5変判・176頁・定価 本体2800円＋税

初学者に必要なコンクリート構造の基礎知識を、豊富なイラストと丁寧な解説でまとめた最新入門書。構造力学の復習に始まり、コンクリートと鋼材の力学的性質、曲げ・軸力・せん断力の特徴まで「必要な内容を確実に理解する」ことを目指してコンパクトに編集。耐久性、腐食、疲労など高度な内容はトピックとして掲載している。

改訂版 図説 わかる水理学

井上和也 編

B5変判・160頁・定価 本体2800円＋税

水の性質、流れの状態や力など水の力学を学ぶ土木工学の必須科目。さまざまな水の現象と、水理学が活かされるダムや堰、川など身近な事例を多数の写真・図版・イラストを用いて、数式もなるべく丁寧に導いた。例題・演習・理解度チェックテストで基本を確実に習得する、初学者のためのロングセラー入門書の改訂版・2色刷。

図説 わかる土質力学

菊本統・西村聡・早野公敏 著

B5変判・208頁・定価 本体3000円＋税

初学者が躓きやすい土質力学を、豊富なイラスト図解や写真と細やかなポイント解説で、親しみやすくまとめた入門書。土の性質から透水、圧密、せん断、さらには土圧理論や支持力理論、斜面安定までを網羅。「なぜそうなるのか」、一つずつ順を追って土の力や動きの正体を紐解くことで丁寧かつ体系的に学びきることができる。

図説 わかる土木計画

新田保次 監修／松村暢彦 編著

B5変判・172頁・定価 本体3000円＋税

公共事業の調査・計画の実践、検証と評価の手法を扱う、土木工学系学科の必修科目。数式の多さと難解さで敬遠されがちな内容を、親しみやすいイラストと現場の写真を多用し、数式も丁寧に導いた。導入部でのつまずきをなくし、豊富な例題に沿って納得しながら最後まで学び切れる全15章立て。現役の教師陣による渾身の入門書。

図説 わかる測量

猪木幹雄・中田勝行・那須充 著

B5変判・176頁・定価 本体2800円＋税

測量学の初学者が、社会における測量の役割を理解し、計測技術から地図の作成、さらには測量成果の運用までの基礎を、学ぶ者・指導する者双方が「わかりやすい」ことを主眼にまとめた。測量実務および教育指導、どちらの経験も豊富な執筆陣による、座学と実習ともに活用しやすい教本。親しみやすいイラストと写真を多用し、必要な基礎知識を丁寧に説いた。